〔逐条解説〕

植物防疫法

編著　植物防疫法研究会

大成出版社

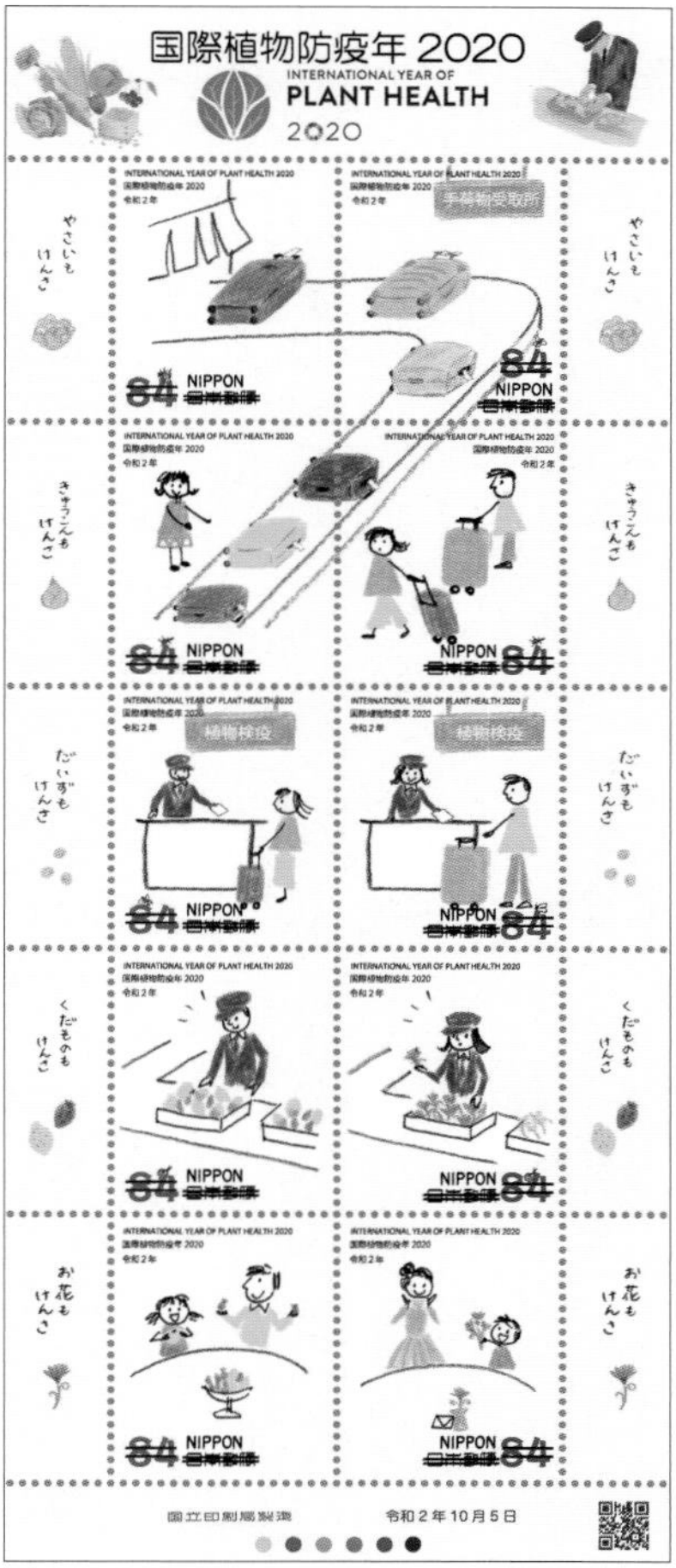

令和２年10月５日発行　特殊切手「国際植物防疫年2020」

令和２（2020）年は国連により定められた国際植物防疫年（International Year of Plant Health 2020：IYPH2020）として、国連食糧農業機関（FAO）を中心に、植物病害虫のまん延防止に向けた取組の重要性に対する世界的な認識を高めるための世界的な広報活動が行われました。国内においても、同年10月５日、IYPH2020を記念して植物検疫をデザインした記念切手が発行されました。

推薦のことば

二〇一九年末に発生した新型コロナウイルス感染症（ＣＯＶＩＤ―一九）のパンデミックによって、地球人口約八〇億人のおよそ〇・一％に相当する約七〇〇万人が二〇二三年三月までに亡くなりました。ＣＯＶＩＤ―一九がヒトの命に直接的な影響を及ぼすことから、飛沫感染を防ぐための三密を避ける行動、免疫獲得のためのワクチン接種などの対策に人類が奮闘したことは記憶に新しいところです。

一方、植物の病害、虫害、雑草害（以下、病害など）は、食用植物の生産量を低下させ、間接的ながら人類の命に影響を及ぼしてきました。本編第一部で紹介されているように、一九世紀半ばにヨーロッパで発生したジャガイモ疫病による飢饉は特に有名で、実に一〇〇万人が飢餓で命を落としたとされます。当時の地球人口が一二億人なので、まさにＣＯＶＩＤ―一九と同等の〇・一％の命が失われており、植物病害などの重要性がわかります。

我々の命の糧である食用植物はどのように生産されているでしょうか？　例えば、イネの栽培風景を想像してください。通常一枚の水田では、遺伝的に同じ品種（すなわち、全個体がクローン）の、ほぼ同日に播種して生育具合が同じ個体を、密に植え育て、しかも雑草などが生えないようにできるだけイネ以外の生物を除いています。「美田」という言葉があるように背の揃った緑の水田は大変美しく見えますが、水田の生態系は多様性が低く、病原などが侵入すると被害が大きくなりがちです。しかも、イネには我が国でおよそ二〇〇〇年に亘る栽培の歴史がありますが、外来種です。日本人が食料としている食用植物のほとんどが外来種で、過去に病原などとともに持ち込まれたものです。このような背景の中で、植物を病害などから守りながら、十分な量を当たり前のように生産することがどれだけ大変なことか、ご理解いただけたでしょうか？

我が国では、昭和二五年以来、「植物防疫法」に基づく植物防疫制度が実施され、(1)国内での病害などの蔓延防止（国内検疫）、⑵国内に存在しないあるいは定着していない病害などの侵入・蔓延の防止（輸入検疫）、⑶国内に存在する病害などの防除（国内防除）、⑷輸出先国の要求に応じた検査（輸出検疫）などを通じて、植物を病害などから守り、安定した食料生産を担保してきました。しかし、近年の地球温暖化や人間・物資の地球規模の活発な移動が、新たな病害などの侵入・定着や顕在化などの脅威につながりつつあります。これをふまえ、本編第一部「主な改正の経緯」に述べられているように、令和四年（二〇二二年）に植物防疫法が改正されました。改正植物防疫法では、中古農機具や旅行者を介した土壌や植物の持ち込みに起因する意図しない新たな病原などの侵入防止のための植物防疫官の権限の強化、国内で発生する重大な病害などに対する化学農薬のみに依存しない総合防除を推進する仕組みの構築などが措置されました。

本書は、歴史ある植物防疫法について解説し、理解を図るために執筆されたものです。植物防疫官のみならず、研究機関、都道府県などの試験場や大学などの研究者や学生、種苗会社や植物などを扱う企業の職員の方々のお手元に置いていただくことをお薦めします。ＣＯＶＩＤ―一九が人類全ての関心事であったように、海外との往来をする旅行者、さらには、植物を糧とする全ての人に植物防疫の重要性を理解していただくことが、人の命に間接的に関わる病害などの発生リスク低減につながります。そのような観点から、是非本書を手に取っていただき、多くの皆様が、植物防疫が他人事ではないことに気づいていただけることを期待します。

二〇二四年四月

東京農工大学理事・副学長、大学院農学研究院植物病理学研究室教授
有江　力

刊行に寄せて

病害虫の防除は、安定的な農業生産の実現に不可欠な営農活動の基本であり、我が国における植物防疫制度の歴史も明治時代の害虫駆除予防法にまで遡る。現行の植物防疫法は、明治以来の長い伝統を引き継ぎながら、戦後、占領下の混乱期にＧＨＱ民政局との激しい折衝も経て制定されたものである。

このように非常に古い歴史を有する植物防疫制度であるが、その重要性は近年、温暖化等の気候変動、人やモノの国境を越えた移動の増加、国際的に課題となっている化学農薬の使用に伴う環境負荷の低減、政府一丸となって進められている農林水産物・食品の輸出の促進を背景として、一層高まっており、令和四年には植物防疫法の全面的な改正が行われた。

本書は、植物防疫法及びその下位法令についての体系的な逐条の解説書である。今般、植物防疫法の制定以降で最大の、全面的な改正がなされたことから、改正にかかわった者として記憶や資料が散逸しないよう、また、大成出版社の薦めもあり、コンメンタール形式による解説書を発刊する運びとなった。

植物防疫行政の基本法ともいえる「植物防疫法」の趣旨、内容を逐条ごとにできるだけ詳細に、かつ、わかりやすく解説することで、日本全国で植物防疫行政に日夜尽力されている植物防疫所、都道府県の病害虫防除所等の現場の皆様にとって執行の一助となるとともに、輸出入事業者や農業者等の本法の対象となる関係者の皆様に対しても本制度への理解の参考となれば幸甚である。

今次の改正では、かつて植物防疫法の改正を夢見た先人たちの数十年来の悲願も、多く実現されている。

例えば、緊急防除を実施する上での課題や、インバウンドの増加等植物防疫の現場において増大するリスクへの対処といった課題が生じてきていた。特に後者については、近時の国際基準の制定により諸外国で農業用機械への検査が開始され、家畜伝染病予防法の改正により隣で働く家畜防疫官の権限が強化されていくのを見ながら、法令上、手が届かないことに現場では歯がゆい思いもあったかもしれない。

このような課題に直面しながらも、長年、全国の植物防疫官や都道府県職員等の不断の努力や運用の工夫により、日本の農林業への損害は未然に防がれてきたのである。今次の改正が、彼らの業務の助けになれば、私にとってこれ以上の喜びはない。

今次の改正は、四人の法律の専門家（天野 宏之、石川 裕子、有田 智彦、熊谷 勇）と植物防疫所から参集された四人の植物防疫の専門家（阿部 清文、井上 達也、井ノ口 修司、森継 知）が、一つのチームとなって、互いの専門分野の垣根を越えて、植物防疫所や都道府県病害虫防除所の方々の意見・要望等をお聞きしながら、昼夜を問わず、真摯に粘り強く議論を積み重ねてきた結果である。彼らのこれまでの頑張りにこの場を借りて深く感謝の意を表したい。

また、今次改正の実現に当たり、様々な局面で貴重な助言をいただいた、有江 力 東京農工大学理事（教育担当）・副学長、早川 泰弘（一社）日本植物防疫協会理事長をはじめとする「植物防疫の在り方に関する研究会」の委員の方々、新井 ゆたか消費者庁長官（元消費・安全局長）、小川 良介農林水産審議官（元消費・安全局長）、神井 弘之元大臣官房審議官（兼消費・安全局兼食料産業局）、沖 和尚元大臣官房参事官（兼消費・安全局兼輸出・国際局）をはじめとする農林水産省幹部の方々にも、御礼を申し上げたい。

最後に、本書の発刊に先立ち、細かいところまで丁寧に推敲を重ねていただいた、尾室 義典植物防疫課長、羽石 洋平前防疫対策室長、小林 正寿国際室長、二階堂 孝彦前総括、山﨑 優希総括係員をはじめとした植物防疫課の職員各位、大成出版社の松永氏に衷心より感謝を申し上げたい。

令和六年四月

編著者 植物防疫法研究会

代表 望月 光顕（元植物防疫課長）

〔逐条解説〕植物防疫法

目次

〔解説の内容現在
令和五年四月一日〕

〔編注〕法律条文の第二六条及び第三四条は、それぞれ「削除」とされている。

法令内容現在

植物防疫法（昭和二十五年法律第百五十一号）（法）
最終改正　令和四年六月一七日法律第六八号

植物防疫法施行令（昭和五十一年政令第百四十六号）（施行令）
最終改正　令和四年九月二日政令第二九三号

植物防疫法施行規則（昭和二十五年農林省令第七十三号）（施行規則）
最終改正　令和六年四月二二日農林水産省令第二七号

第一部　法制定及び主な改正の経緯

一　植物防疫の重要性

植物の病害虫による被害は、古くから知られており、度々農業生産に大被害をもたらしてきた。中には飢饉を招いて多くの餓死者を出した記録がある。

有名な例では、一九世紀半ばにヨーロッパで発生したジャガイモ疫病により起こった飢饉である。ジャガイモ疫病はジャガイモ疫病菌というカビの一種により引き起こされ、この病気にかかると茎や葉、イモは腐り、ひどいときには収穫は皆無となる。特に、アイルランドではこの病気の発生が激しく、主食であったジャガイモが壊滅的な被害を受けた。このため食糧難となり膨大な数の餓死者や移民が発生した。世に言われる「ジャガイモ飢饉」である。この病気はもともと中南米が原産であったが感染イモの持ち込みが原因でヨーロッパにもたらされた、とされている。

日本でも、享保一七（一七三二）年に「享保の大飢饉」が発生した。これは天候不順やウンカの被害によるもので、米の収穫量が大幅に減少し、多くの餓死者を出したといわれている。

現在では、科学技術の進歩により、病害虫の生態の解明、農薬や病害虫に抵抗性のある品種などの導入により日本では病害虫による「飢饉」のような大きな被害はなくなったが、ＦＡＯ（国連食糧農業機関）の推定では、現在も世界の食料の二～四割は病害虫の被害により失われているとされている。また、日本では「飢饉」はなくなったとはいえ、病害虫による植物や農林産物の減収や品質の低下等の被害が依然として存在している。このため、植物の病害虫から農作物等の有用な植物を守る植物防疫の重要性は、不変である。

二　制定までの経緯

(一)　害虫駆除予防法（明治二九年法律第一七号）

明治二九（一八九六）年には、害虫駆除予防法（害蟲驅除豫防法）を制定し、府県知事に対して、

① 害虫が田畑に発生あるいは発生のおそれのあるときは、府県知事が期限を決めて耕作者に駆除予防を行わせ、耕作者が行わないときは、府県知事は市町村費をもってこれを行い、耕作者から費用を徴収できること

② 害虫がまん延あるいはその兆しのあるときは、府県知事は市町村費をもって駆除予防を行えること、同じく市町村等に労働課役できること

等の農作物の害虫（農商務大臣の認可を受けた場合は動物も適用対象。）に対する駆除予防のための命令等の権限を付与した。

また、明治三五年には、同法が改正され、動物と同様に黴菌についても同法の対象とできるよう措置された。

（注）明治二九年二月六日帝国議会衆議院において榎本武揚農商務大臣は、「政府ハ明治十八年ニ内務農商務ニ省ノ連署ヲ以チマシテ一ノ達ヲ発布致シテ、害虫ノ駆除予防等ニ関リマスル手段方法ヲ差示シマシタガ、不幸ニシテ十分ノ結果ヲ見ルコトガ出来マセンナンダト申スモ、畢竟右ニ達ニハ欠点ガゴザイマシテ、其一二ヲ挙ゲマスレバ、例ヘバ害虫ノ駆除予防ヲ農民ガ怠リマシタル節ニ、強イテ之ヲ決行セシムルコトガ出来マセヌ（略）又ハ害虫ガ蔓延致シテ参リマス道筋ヲ断切リマスルニ必要ナル溝ノ掘割、若シクハ虫害伝染ノ虞アリマス物件ノ抜棄、焼棄等ヲ強行ハセルコトガ出来マセヌ（略）本案ヲ発布シテ右ノ欠点ヲ補ヒ、並ニ農産保護ノ実効ヲ収メント欲スルモノ」と、農民に強制的な防除措置を行わせる必要があること等を提案理由として述べている（※　旧字体は新字体に変換）。

(二) 輸出入植物取締法（大正三年法律第一一号）

明治時代は、我が国の近代化が進んだ時期で、貿易が盛んに行われるようになったが、同時に病害虫の侵入期でもあり、新しい病害虫による被害が各地で頻発した。しかしながら、植物の病害虫の駆除予防を規定していた害虫駆除予防法や森林法では、輸入される植物の検査を行うことができなかった。また、アメリカ合衆国等の諸外国において政府の検査証明がなければ植物の輸入を禁止する植物検疫措置が開始された。

このため、輸出入植物に対する検査についての法律として、大正三（一九一四）年に、

① 植物を輸出入する場合の植物検査官吏による検査の義務

② 検査を行う海港の指定

③ 病害虫自体、特定の病害虫が付着する植物の輸入禁止

等を内容とする輸出入植物取締法が制定された。

㈢ 輸出入植物検疫法（昭和二三年法律第八六号）

終戦後の昭和二三（一九四八）年には、諸法制の改正に伴い、輸出入植物取締法を廃止し、輸出入植物検疫法が制定された。輸出入植物取締法からの主な変更点は以下のとおりである。

① 命令で定める輸入植物については検査証明書の添付がなければ輸入してはならないこととすること

② 検査を行う場所について、海港だけでなく飛行場を追加

③ 輸出検査について、栽培地における検査を法制化

④ 輸出入植物検疫の審議会を設置

（注） 昭和二三年六月一五日国会衆議院農林委員会において、大島政府委員は「我が国における輸出入植物の検疫は、大正三年以来輸出入植物取締法に基づいてこれを実施いたしまして、農林作物病菌害虫の侵入防止並びに農産物輸出助長に貢献してまいりました。（略）諸法制の改正に伴いまして、種々改正を要する点ができてきましたので、現行法を廃止し、これにかえて輸出入植物検疫法を制定することが必要となりました」と述べている。

㈣ 植物防疫法の制定（昭和二五年）

海外からの病害虫の侵入防止については、輸出入植物検疫法により、植物の輸出入に伴う植物検疫が実施されてきた。

また、国内の病害虫の対策としては、害虫駆除予防法が存在したが、この法律の制定当時は病害虫の防除に対する知識水準が極めて低く、農業者の自主的防除を期待することが困難であり、一般的な病害虫を対象とし、地方長官（制定当時

は府県知事）がその防除方法を定めて農業者に防除を行わせるということが建前とされたため、特殊な病害虫を絶滅し、又はまん延を防止するために特別の措置をとるということは、考慮されていなかった。その結果、新しく国内に侵入した病害虫や、その他の特殊な病害虫に対し、国又は地方公共団体が必要な措置を講ずることができず、多くの病害虫がまん延・土着し、農作物に重大な損害を与えるようになった。

こうした背景から、昭和二五（一九五〇）年に、国際的、国内的な植物の防疫に関する一貫した法律として、植物防疫法（昭和二五年法律第一五一号）が制定された。植物防疫法では、従来の輸出入植物検疫法と害虫駆除予防法とが整理統合されるとともに、

① 新たに海外から侵入し、又は既に国内の一部に存在している有害動植物について、その伝播、まん延を防ぐのみでなく、更にこれらをその存在地区内で絶滅するための措置である緊急防除

② 国内の種苗の移動に伴う有害動植物のまん延を防止するための種苗の検疫

に係る規定が新たに設けられた。

〈主な改正の経緯〉

(一) 昭和二六年改正

昭和二五年に制定された植物防疫法は、国際植物検疫、国内植物検疫及び緊急防除に関する規定のみにとどまり、現実に農作物に対し、非常に大きな損害を及ぼしている一般的な有害動植物の防除については、何らの法的措置も講ぜられていなかった。

このため、一般的な有害動植物に対する防除措置をとることができるよう、昭和二六（一九五一）年、議員立法により植物防疫法が改正された。改正の主な内容は、以下のとおりである。

① 一般的な有害動植物の中で広範囲にわたり急激に発生して、農作物に甚大な損害を及ぼすおそれのある有害動植物を指定し、これら指定有害動植物の異常発生時に備えて、国において農薬の備蓄及び防除機具の備付けを行い、必要に応

じ農薬の譲渡、機具の貸付、防除実施者に対する補助を行うことができるよう規定を新設

② 指定有害動植物の発生予察事業について、国においてこれを実施し、都道府県はこれに協力するよう規定を新設

③ 国内植物防疫上国が直接行う発生予察事業、農薬の備蓄及び防除機具の備付等は、動植物検疫所を整備拡充してこれに当たらせることとし、その名称を農林省防疫所と改称

④ 病害虫防除事業を円滑かつ効率的に実施するため、都道府県は、病害虫防除所を設け、ここにおいて防除の企画及び指導、発生予察、防疫機具及び農薬の保管並びに防除用機具の修理等を行わせ、また必要に応じ市町村段階に非常勤の病害虫防除員を設けることができることとし、かかる場合に国庫から補助金を交付し、これを助成することができるよう規定を新設

㈡ 沖縄返還に伴う改正

昭和四六（一九七一）年には、沖縄の復帰に伴う関係法令の改廃に関する法律（昭和四六年法律第一三〇号）により、国内植物検疫の一環として、国内における植物の移動制限及び移動禁止に係る規定が設けられた。

㈢ 国の補助金等の整理及び合理化並びに臨時特例等に関する法律による改正

昭和六〇（一九八五）年には、国の補助金等の整理及び合理化並びに臨時特例等に関する法律（昭和六〇年法律第三七号）により、病害虫防除所の設置等に要する経費に係る補助金が定額交付金方式に変更された。

㈣ 平成八年改正

我が国の国際植物検疫は、戦後間もない昭和二五年に制定された植物防疫法に基づき、全国各地の港等に配置された植物防疫官が検査等を行うことにより、我が国への有害動植物の侵入防止に重要な役割を果たしてきた。

しかしながら、国民の食生活が多様化してきたこと、生活に潤いと心の豊かさを求めるようになってきたことから、また、植物の輸送手段の発達に伴って植物の輸入が量的に増加し、質的にも多様化してきていた。これに伴い、植物に付着している有害動植物の種類も増加し、我が国への有害動植物の侵入の可能性が高まってきたことから、より効果的に植物

検疫を実施することが求められるようになってきた。

また、平成七（一九九五）年に発効した世界貿易機関を設立するマラケシュ協定（ＷＴＯ協定）に基づく新たな国際的枠組みの下で、植物検疫制度についても国際的に調和させていくことが求められるようになってきた。

このような状況を踏まえ、我が国の国際植物検疫につき、有害動植物の危険度に応じた検疫措置を実施するとともに、検疫手続をより迅速に行うため、平成八（一九九六）年に植物防疫法が改正された。改正の主な内容は、以下のとおりである。

① 我が国の自然環境や農業事情を勘案して、有害動植物が侵入する可能性や侵入した場合の被害等を考慮し、国際植物検疫の対象とする有害動植物（検疫有害動植物）の範囲を規定

② 輸入時点における検査では発見が困難であるが、輸出国の栽培地における検査では発見が容易な有害動植物につき、輸出国の栽培地における検査を義務付け

③ 重要な有害動植物の付着するおそれの少ない植物につき、輸出国における検査を要しないことを規定

④ 輸入禁止品につき、例外的に輸入を許可する場合の範囲を学術・教育等の用に供する場合等にまで拡大

⑤ 輸入植物の検査手続の電算化に係る規定を新設

㈤　平成一六年改正

平成一五（二〇〇三）年一二月、地方の権限と責任を大幅に拡大し、歳入歳出両面での地方の自由度を高めることで、真に住民に必要な行政サービスを地方が自らの責任で自主的、効率的に選択できる幅を拡大するとともに、国、地方を通じた簡素で効率的な行財政システムの構築を図ることとして、平成一六年度予算編成の基本方針が閣議決定された。

このような状況を踏まえ、平成一六（二〇〇四）年に植物防疫法が改正され、病害虫防除所等の職員に要する経費が植物防疫法に基づく交付金の対象から外され、一般財源化された。

㈥　令和四年改正

近年の温暖化等による気候変動、人やモノの国境を越えた移動の増加等に伴い、有害動植物の侵入・まん延リスクが高まっていた。他方、化学農薬の低減等による環境負荷低減が国際的な課題となっていることに加え、国内では化学農薬に依存した防除により薬剤抵抗性が発達した有害動植物が発生するなど、発生の予防を含めた防除への移行及びその普及が急務となっていた。

また、農林水産物・食品の輸出促進に取り組む中で、植物防疫官の輸出検査業務も急増するなど、植物防疫をめぐる状況は複雑化してきていた。

このような状況を踏まえ、有害動植物の国内外における発生の状況に対応して植物防疫を的確に実施するため、令和四（二〇二二）年に植物防疫法が改正された。改正の主な内容は、以下のとおりである。

① 有害動植物の国内への侵入を早期に発見するため、農林水産大臣は、国内に存在することが確認されていない等の有害動植物の一部を対象に、国内への侵入の状況等を調査する事業を実施する規定を新設。また、その事業の対象有害動植物の国内への侵入等を認めた者による国又は都道府県への通報義務規定を新設

② 新たに侵入した有害動植物に対する緊急防除を迅速かつ的確に行うため、農林水産大臣が緊急防除の実施に関する基準をあらかじめ作成できることとし、その基準に従って緊急防除を行う際には、告示による事前周知期間を短縮することができるよう規定を新設。また、特に緊急に防除を行う必要があるときに事前周知期間を取らずに実施することができる措置の内容を拡充

③ 国内に既に存在する有害動植物について、発生の予防を含む総合的な防除を推進するため、農林水産大臣が基本指針を、都道府県知事が当該防除の実施に関する計画を定めることとするとともに、都道府県知事は、その計画において農業者が遵守すべき事項を定めることができるよう規定を新設。また、都道府県知事は、この遵守すべき事項に即して農業者に必要な助言、指導を行うとともに、それに即した防除が行われず、農作物に重大な損害を与えるおそれがあると認めるとき等において、農業者に対し勧告、命令を行うことができるよう規定を新設

④　有害動植物が農機具等の物品を通じて侵入し、又はまん延することを防ぐため、植物防疫官が行う立入検査、国際植物検疫及び国内植物検疫並びに緊急防除のために講じる措置の対象にこれらの物品を追加するとともに、近年の出入国旅客による植物等の持込み又は持出し事例の増加に対応し、旅客の携帯品に対する植物防疫官の検査権限を強化

⑤　輸入国が輸出国の植物検疫証明を必要としている植物等の輸出に当たり必要となる植物防疫官による検査について、農林水産物の輸出拡大に伴う検査件数の増加に対応するため、農林水産大臣の登録を受けた者が植物防疫官に代わり輸出検査の一部を実施することができるよう規定を新設

第二部　逐条解説

本章においては、本法全体の基本原則を定めた本法の目的のほか、本法における基本的用語についての定義、植物防疫官の権限等を定めている。

第一章　総則

（法律の目的）
第一条　この法律は、輸出入植物及び国内植物を検疫し、並びに植物に有害な動植物の発生を予防し、これを駆除し、及びそのまん延を防止し、もつて農業生産の安全及び助長を図ることを目的とする。

【趣旨】
農業生産の発展のためには、生産基盤の整備、機械化等農業生産力を積極的に増大する施策が必要であるとともに、有害動植物による農作物等の被害を防止し、農業生産の安全を図ることは、重要なことである。

このような観点から植物防疫法は、

（究極目的）農業生産の安全及び助長を究極目的として、

（手段Ａ）輸入植物を検疫して有害動植物の我が国への侵入を防止等し、国内検疫を行って有害動植物のまん延を防止するとともに優良な種苗を確保、保全し、

（手段Ｂ）侵入調査事業を行って侵入を警戒する有害動植物を早期に発見することでその発生を予防し、又はそのまん延を

防止し、緊急防除を行って国内に新たに侵入した有害動植物を駆除し、又はそのまん延を防止するとともに、国内に存在する一般的な有害動植物については、その発生の予防を含めた総合防除を推進すること等に関する諸規定を設けている。

【解説】

一　防疫、検疫、防除

「防疫」とは、有害動植物の伝播まん延を予防し、駆除又は根絶するための全ての措置をいう。本法では、これを次のように検疫と防除に区分して使用している。

①　国が行う防疫

国際間の有害動植物のまん延を防止するための国際植物検疫

国内の有害動植物のまん延を防止するための国内植物検疫

新たに国内に侵入した有害動植物等を駆除し、又はまん延を防止するための緊急防除

②　都道府県が行う防疫

有害動植物のまん延を防止するための植物検疫

有害動植物を駆除し、又はまん延を防止するための防除に関する措置

③　国及び都道府県による推進・指導の下、農業者が行う指定有害動植物の防除

二　発生の予防

令和四年の改正では、侵入調査事業及び総合防除に関する規定を新設したことに伴い、目的規定に有害動植物の「発生の予防」を加えた。有害動植物が「発生」する例としては、例えば指定有害動植物であるいねのいもち病菌が想定される。これは、平時は種もみ、稲わら等に菌糸又は胞子として潜んでいるが、稲が生育して好適な気温条件等になると増殖して、農地内で胞子が飛散して感染し、稲の生育を阻害して収穫を減少させるといった被害が発生する。このように、有害動植物が

増殖して植物の病気として発現することなどを「発生」と捉えている。

また、「発生の予防」と「まん延の防止」との関係については、国内に定着している有害動植物は、気候やほ場等の環境により、他地域から広がるのではなく、その地域の中で「発生」することがあるため、「発生の予防」は、有害動植物の発生に伴って有害動植物が周辺に広がっていくことを防止する一連の措置である「まん延の防止」とは区別される。

三　農業生産の安全及び助長

法第五章の保護対象が「農作物」であり、法全体として見たときの究極的な法律の目的は「農業生産の安全及び助長」になるが、法第二章から第四章までの保護対象は「有用な植物」であり、農業生産以外の植物の「有用性」を念頭においた防疫措置を行うことも許容される。実際に、輸入植物検疫では、森林・林業の保護に資する輸入木材の検疫も実施している。

（定義）

第二条　この法律で「植物」とは、顕花植物、しだ類又はせんたい類に属する植物（その部分、種子、果実及びむしろ、こもその他これに準ずる加工品を含む。）で、次項の有害植物を除くものをいう。

2　この法律で「有害植物」とは、真菌、粘菌及び細菌並びに寄生植物及び草（その部分、種子及び果実を含む。）並びにウイルスであつて、直接又は間接に有用な植物を害するものをいう。

3　この法律で「有害動物」とは、昆虫、だに等の節足動物、線虫その他の無脊椎動物又は脊椎動物であつて、有用な植物を害するものをいう。

4　この法律で「登録検査機関」とは、第十条の四第一項の規定により農林水産大臣の登録を受けた者をいう。

【趣旨】

本条は、この法律上重要な概念である「植物」、「有害植物」、「有害動物」及び「登録検査機関」について定義している。

【解説】

一　植物

植物の概念は、本法において中心をなすものである。あるいは検疫の対象となり、あるいは防除の対象となるものである。したがって、本法の対象となる植物の範囲を明確にするため、第二条第一項において定義規定が置かれた。

植物の概念については、従来の法律には定義規定はなかった（注1）が、植物防疫法において、初めて定義されたものである。

この法律で「植物」とは、顕花植物、しだ類又はせんたい類に属する植物（その部分、種子、果実及びむしろ、こもその他これに準ずる加工品を含む。）で、次項の有害植物を除くものをいう（法第二条第一項）。農作物、果樹等の顕花植物（種子植物ともいう。）、ワラビ、ゼンマイ、ウラジロ等のしだ類、ミズゴケ、スギゴケ等のせん類及びゼニゴケ、ジャゴケ等のたい類が、植物の概念の中に含まれるのであるが、この中に含まれるものであっても第二条第二項の有害植物は、除かれる。むしろ、こもその他これに準ずる加工品が含まれているが、これは、有害動植物の取締りの必要性から含ましめたもので、有害動植物が単に物理的にたまたま付着し得る可能性があるというようなものではなく、植物の延長上にあって、それ自体として有害動植物が付着する可能性のあるものを含ましめる趣旨である。このような趣旨と取締上の必要性とからすれば、第一次加工品程度のもの以内ということであろう。本法の対象となる植物は、当然有用な植物がその中心をなすが、必ずしも有用な植物のみではなく、少々広い概念で有害動植物の付着する可能性のあるものも、取締りという目的上含ましめている(注2)のである。

輸入植物検疫規程(注3)（昭和二五年農林省告示第二〇六号）第六条においては、検疫の対象とならない植物として、本項の植物に該当しないものを列挙しているが、その該当品目は、現実の問題として、有害動植物の付着する可能性のないものであるという理由で輸入植物検疫の対象から除いたものである。

国際植物防疫条約（昭和二七年条約第一五号）は、加盟諸国の植物防疫法規の基準となる同条約第二条1において、「この条約の適用上、「植物」とは、生きている植物及びその一部（種子及び生殖質を含む。）をいい、また、「植物生産物」とは、まだ製品化されていない植物由来の生産物（穀類を含む。）及び製品であって、その性質上又はその加工過程の性質上有害動植物が侵入し、及びまん延する危険を引き起こすおそれのあるものをいう。」と定義し、同条約に規定する検疫又は防除の対象としている。

（注1） 輸出入植物取締法案説明によれば、「本法ニ於テ植物ト云ヘルハ生気アル植物、其ノ部分（幹、枝、芽、根、葉等）及其ノ生産物（果実、種子）ヲ意味ス。其ノ生気アルヤ否ヤハ事実ノ判定ニ依ルノ外ナシ。」と説明している。

（注2） 植物防疫法は、「植物」と「有用な植物」とを使い分けている。例えば第二条第二項及び第三項、第一七条、第二九条

（注3） 第八条の趣旨・解説一の（注1）を参照

二 有害植物及び有害動物

有害動植物については、植物防疫上の取締り及び防除の対象となるものであるため、その範囲を明確にする必要があるので、従来の各種防疫関係法令において定義されていた。害虫駆除予防法は、「此ノ法律ニ於テ害虫ト称スルハ農作物ヲ害スル各種ノ虫類ヲ謂フ」（第一条）と、輸出入植物取締法は、「本法ニ於テ病菌又ハ害虫ト称スルハ植物ヲ害スル菌類又ハ虫類ヲ謂フ病菌又ハ害虫ニ非ザル動植物ト雖主務大臣ニ於テ植物ヲ害シ又ハ害スル虞アリト認ムルモノハ本法ノ適用ニ付テハ之ヲ病菌又ハ害虫ト看做ス」（第一〇条）と、輸出入植物検疫法は、「この法律において「病菌」とは、真菌、細菌その他の有害植物及びバイラスであって植物を害するものをいい、「害虫」とは、昆虫・だに等の節足動物、線虫その他の虫類であって植物を害するものをいう。」（第一条）とそれぞれ定義していた。この定義は、主として取締りの対象として重要な意義を持つもので、その境界線の付近においては、その解釈がまちまちであった。

現行の植物防疫法においては、有害植物と有害動物とに分け、別々に定義している。

(一)　有害植物

この法律で「有害植物」とは、真菌、粘菌及び細菌並びに寄生植物及び草（その部分、種子及び果実を含む。[注1]）並びにウイルス[注2]であって、直接又は間接に有用な植物を害するものをいう（法第二条第二項）。

本法の対象となる有害植物とは、具体的に例示すれば、いねのいもち病菌、ごま葉枯病菌、むぎのさび病菌、さつまいもの黒斑病菌等の真菌、大根、なたね、はくさい等あぶらな科植物の根こぶ病菌等の粘菌、いねの白葉枯病菌、大豆の斑点細菌病菌、ばれいしょの輪腐病菌、りんごの根頭がんしゅ病菌等の細菌、ヤドリギ、マメダオシ、ナンバンギセル等の寄生植物、イヌホタルイ、ナガエツルノゲイトウ、アレチウリ、シロザ等の草及びいね縞葉枯ウイルス、ジャガイモ葉巻ウイルス、チューリップモザイクウイルス等のウイルス（ウイロイドを含む。）である。

「有用な植物」とは、人間の食用、薬用、観賞用等に用いる植物のことである。つまり、直接的間接的いずれにしろ人間の生活に役立つものである。「間接的に有用な植物を害する」とは、植物に有害な菌類、ウイルス等の中間宿主となる植物や草による競合である。

「植物を害する」とは、直接的であれ、間接的であれ、その活動により植物の価値を量的質的に低下させることである。

輸入植物検疫規程第七条においては、輸入植物検疫において有害植物に該当しないものを列挙している（第八条の趣旨・解説一の（注3）を参照）。

これは、植物防疫法における有害植物（有害動物の場合も同様であるが）の定義において、植物を前提として、有用な植物を害するものとして定義したため、有用な植物を害するものであっても人間にとっては有用なものもあるが、このようなものも第二条第二項の有害植物に含まれてしまうことによるために設けられた規定である。このため、輸入植物検疫規程第七条の列挙品目の中にも、実際の運用を考慮しているものがある。

（注1）植物防疫法制定時（昭和二五年）には「寄生植物」が裸で列挙されていたが、令和四年の改正時に、「寄生植物」及び「草」に種子や果実が含まれることが明確になるよう、「寄生植物及び草（その部分、種子及び果実を含む。）」と改められた。

（注2）植物防疫法制定時（昭和二五年）には「バイラス」と言ったが、その後「ウイルス」の方が一般的な呼称となり、平成八年の改正時に「ウイルス」と改められた。

(二) 有害動物

この法律で「有害動物」とは、昆虫、だに等の節足動物、線虫その他の無脊椎動物又は脊椎動物であって、有用な植物を害するものをいう（法第二条第三項）。昆虫とは、ミバエ、カイガラムシ、ウンカ等を、だにとは、ハダニ、サビダニ等を、線虫とは、シストセンチュウ、ネコブセンチュウ、ネグサレセンチュウ、ネモグリセンチュウ等を、その他の無脊椎動物としては、カタツムリ、ナメクジ等を、脊椎動物としては、野そ等をいう。

輸入植物検疫規程第八条は、輸入植物検疫において有害動物に含まれないものを列挙している（第八条の趣旨・解説一の（注2）を参照）。

三 登録検査機関

法第一〇条の四第一項の規定により農林水産大臣の登録を受けた者を登録検査機関と定義している。

（植物防疫官及び植物防疫員）

第三条　この法律に規定する検疫又は防除に従事させるため、農林水産省に植物防疫官を置く。

2　植物防疫官が行う検疫又は防除の事務を補助させるため、農林水産省に植物防疫員を置くことができる。

3　植物防疫員は、非常勤とする。

【趣旨・解説】

一　植物防疫官

国際植物検疫、国内植物検疫あるいは緊急防除に従事させるため、植物防疫官[注1]を農林水産省に設置することとした。このような検疫又は防除において植物防疫官は、独立の行政庁として構成され、独自の権限が付与されているが、そのことについては、関係各所で述べることとする。

植物防疫官は、輸出入植物検疫法に基づき、輸出入植物検疫に従事していた植物検疫官を改称したものである。植物防疫官の身分上の扱いは、一般の国家公務員と変わるところはない[注2]。植物防疫官の任免は、農林水産大臣が行う。なお、農林水産省の施設等機関として、植物防疫所及び那覇植物防疫事務所（以下「植物防疫所」という。）が設置されている（農林水産省設置法（昭和二四年法律第一五三号）第七条第一項及び第二項）。

（注1）　国際植物防疫条約第四条1及び2において、公的植物防疫機関が次の主要な責任を果たすための措置をとることを締約国に義務付けている。

(a)　植物、植物生産物その他の規制品目の積荷に係る輸入締約国の植物検疫規則に関する証明書を発給すること。

(b)　特に有害動植物の発生、異常発生及びまん延に関する報告（第八条1(a)に規定する報告を含む。）を行い、並びに当該有害動植物を防除することを目的として、生育中の植物（栽培地域（特に、田畑、植栽地、育苗地、栽培園、温室及び研究室）及び野生植物に係る地域を含む。）並びに貯蔵中又は輸送中の植物及び植物生産物を監視すること。

(c) 特に有害動植物の侵入又はまん延を防止することを目的として、国際取引において移動する植物及び植物生産物の積荷並びに適当な場合にはその他の規制品目を検査すること。

(d) 植物検疫に関する要件を満たすため、国際取引において移動する植物、植物生産物その他の規制品目の積荷について駆除し、又は消毒すること。

(e) 危険にさらされている地域を保護し、並びに有害動植物無発生地域及び有害動植物低発生地域を指定し、維持し、及び監視すること。

(f) 有害動植物危険度解析を実施すること。

(g) 積荷の混合、取替え及び再汚染に関する確認がされた後の植物検疫上の安全性が、当該積荷が輸出される時まで維持されることを適切な手続によって確保すること。

(h) 職員の研修及び育成を行うこと。

（注２） 植物防疫所、同支所及び出張所は、次頁のとおりである（令和五（二〇二三）年四月現在）。

植物防疫所・同支所及び出張所

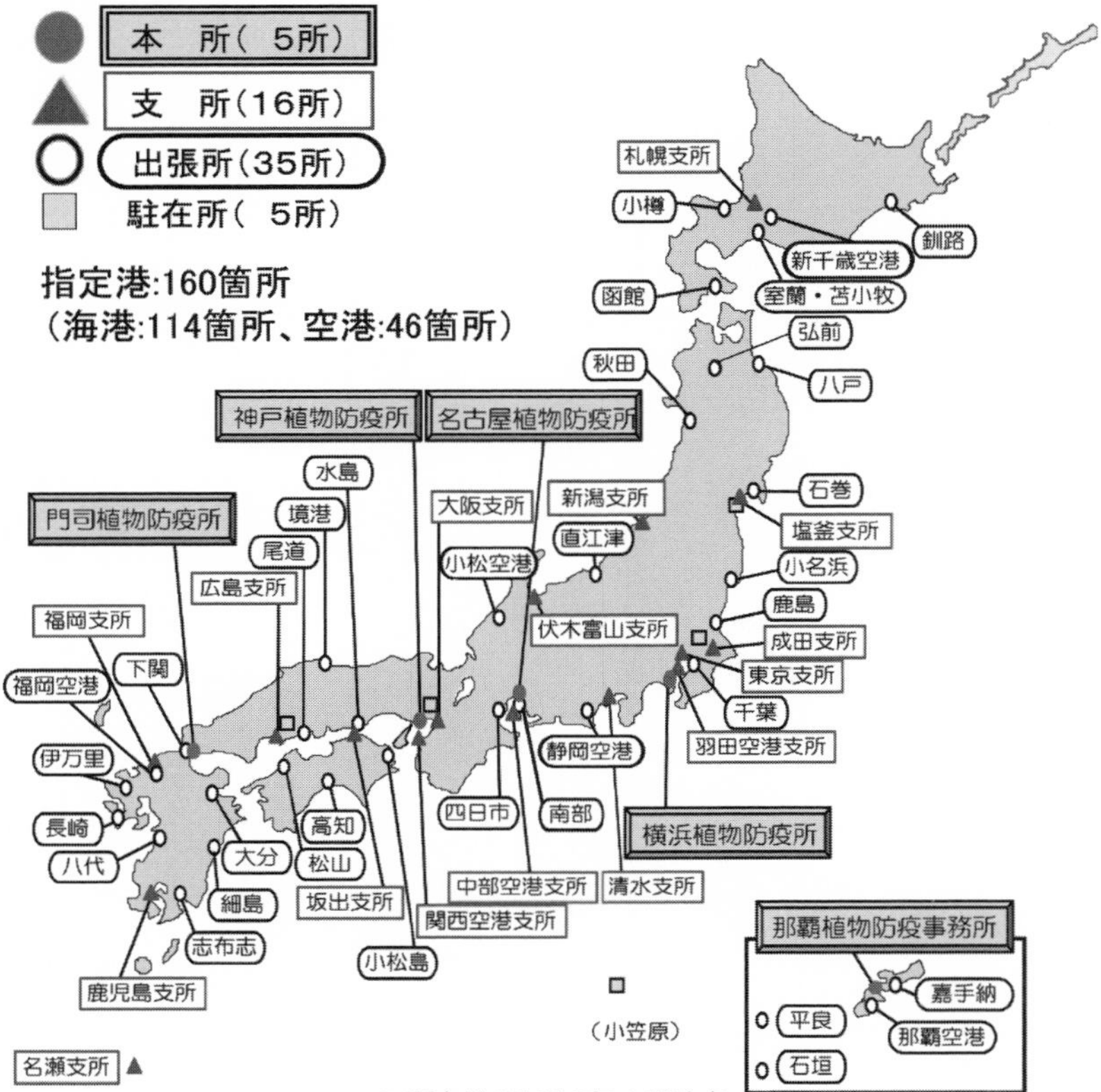

※ 所在地は2023年４月時点

二　植物防疫員

法律制定当初は、植物防疫員が補助できる事務の対象は植物防疫官が行う国内植物検疫又は緊急防除の事務に限定されており、国際植物検疫の事務については対象外とされていた。これは、国内植物検疫（種苗検査）や緊急防除は、事務の性質上年間を通じて必ずしも事務量が一定しているものではなく、特定の時期に非常に多くの人間を必要とする場合が多かったことから、その効率的な実施を確保するため、植物防疫員を活用するという趣旨によるものであったが、その後、国際植物検疫についても、取扱量が急激に増加するとともに、検疫有害動植物の概念の導入により、同定作業等植物防疫官の事務量はますます増大していくと見込まれること、また、生果実や種苗類の輸入にはかなりの季節的な偏りがあるため、特定の時期に集中的に発生する事務を効率的に処理する必要があること等を考慮し、平成八年の改正時に、専門的知識、技術を有し植物防疫官を補助する者として、非常勤の植物防疫員を置くことができることとなった。

植物防疫員は、植物防疫官の判断のための資料の提供、植物防疫官の指示に従って検査を行う等植物防疫官の事務を補助するのであって、合否の決定、合格証明書の交付、廃棄命令等を植物防疫官に代わって行うことはできない。植物防疫員は、非常勤の国家公務員であり（法第三条第三項）、その任免は、農林水産大臣が行う。

（植物防疫官の権限）

第四条　植物防疫官は、有害動物若しくは有害植物であることの疑いのある動植物（以下この項において「疑いのある動植物」という。）又は有害動物若しくは有害植物が付着しているおそれがある植物、土若しくは農機具その他の農林水産省令で定める物品（以下「指定物品」という。）若しくはこれらの容器包装があると認めるときは、土地、貯蔵所、倉庫、事業所、船舶、車両又は航空機に立ち入り、当該疑いのある動植物並びに当該植物、土及び指定物品並びにこれらの容器包装等を検査し、関係者に質問し、又は検査のため必要な最少量に限り、当該疑いのある動植物若しくは当該植物、土若しくは指定物品若しくはこれらの容器包装を無償で集取することができる。

2　前項の規定による検査の結果、有害動物又は有害植物があると認めた場合において、これを駆除し、又はそのまん延を防止するため必要があるときは、植物防疫官は、当該有害動物若しくは有害植物を所有し、若しくは管理する者に対し、その廃棄を命じ、又は当該植物、土若しくは指定物品若しくはこれらの容器包装、土地、貯蔵所、倉庫、事業所、船舶、車両若しくは航空機を所有し、若しくは管理する者に対し、その消毒を命ずることができる。

3　前項の場合には、第二十条第一項の規定を準用する。

4　第一項の規定による立入検査、質問及び集取の権限は、犯罪捜査のために認められたものと解してはならない。

【趣旨・解説】

植物防疫官は、本法に基づく諸種の権限を行使するが、このほか、一般的権限として、法第四条においては、有害動植物の発見及びそれに伴う防除措置をとらせるために、植物防疫官に、住居を除く必要な場所で立入検査をし、関係者に質問をし、あるいは試料の集取をする権限を与えた。

植物防疫官は、有害動物若しくは有害植物であることの疑いのある動植物（注１）（以下「疑いのある動植物」という。）又は有害動物若しくは有害植物が付着しているおそれがある植物、土若しくは農機具その他の農林水産省令で定める物品(注2)（以下「指定物品」という。）若しくはこれらの容器包装があると認めるときは、土地、貯蔵所、倉庫、事業所、船舶、車両又は航空機に立ち入り、当該疑いのある動植物並びに当該植物、土及び指定物品並びにこれらの容器包装等を検査し、関係者に質問し、又は検査のため必要な最少量に限り、当該疑いのある動植物若しくは当該植物、土若しくは指定物品若しくはこれらの容器包装を無償で集取することができる。

疑いのある動植物又は有害動物若しくは有害植物が付着しているおそれがある植物、土若しくは指定物品若しくはこれらの容器包装があるかないかは、植物防疫官が判断することとなるが、営業の自由等の基本的人権に関わるものであり、ある程度客観的な裏付けがなければ、その立入りは、許されない。

「関係者」とは、この立入検査を受けることにつき関係を有する者のことであって、土地の所有者又はその代理人、使用人、その他の従業者等をいい、必ずしも直接立入検査に利害関係を有する者であることを要しない。

「容器包装」とは、植物を容れ、若しくは包んでいる物で、植物を授受する場合そのまま引き渡すもののことであるが、この場合、現実に植物の容器包装として使用されている必要はない。

なお、海上コンテナーや航空コンテナーは、容器包装ではないものとして取り扱われている。

検査若しくは集取を拒み、妨げ、若しくは忌避し、又は質問に対し陳述をせず、若しくは虚偽の陳述をした者は、三〇万円以下の罰金に処する（法第四二条第一号）。

本項による立入検査、質問及び集取の権限は、犯罪捜査のために認められたものと解してはならない（法第四条第四項）。犯罪捜査とは、公訴を提起し実行するため、犯人を発見保全し、証拠を収集する活動をいい、この権限を有する者は、刑事訴訟法（昭和二三年法律第一三一号）等に定める検察官、検察事務官及び司法警察職員のみである。

この立入検査等は、有害動植物を早期に発見し、必要があるときは駆除等の措置を講じようとするものである。従来の植物検疫官は、司法警察官吏の職務である臨検、捜索、尋問、差押をなす権限があった（輸出入植物取締法第八条）が、植物防疫法においては、このような権限を行使することはできなくなり、植物防疫法違反に係る犯罪についても、司法警察官吏が行うこととされた。

この検査の結果、有害動物又は有害植物があると認めた場合において、これを駆除し、又はそのまん延を防止する(注3)ため必要があるときは、植物防疫官は、当該有害動物若しくは有害植物を所有し、若しくは管理する者に対し、その廃棄を命じ、又は当該植物、土若しくは指定物品若しくはこれらの容器包装、土地、貯蔵所、倉庫、事業所、船舶、車両若しくは航空機を所有し、若しくは管理する者に対し、その消毒を命ずることができる（法第四条第二項）。

ここに掲げられた全てのものが消毒命令の対象になる（消毒処分の基準等については、輸入植物検疫規程第三条、第四条参照）。消毒措置の実施は、原則として当該植物又は容器包装を検査した場所又は植物防疫所で行わなければならない（植物防疫法施行規則第一三条）。

消毒又は廃棄の命令に違反した者は、三〇万円以下の罰金に処せられる（法第四一条第二号）。この処分の結果、通常生ずべき損失があれば、国は、補償しなければならない（法第四条第三項）。有害動植物の防除のため、特別の犠牲を負わしめる場合があるからである。検査のため集取したものは、この対象とはならない（補償については、第二〇条の趣旨及び解説を参照）。

（注1）令和四年改正において植物防疫官の立入検査権限の強化のため、法第四条の検査等の対象として以下が加えられた。

① 有害動物又は有害植物であることの疑いのある動植物（疑いのある動植物）

② 有害動植物が付着しているおそれがある土

③ 有害動植物が付着しているおそれがある農機具その他の農林水産省令で定める物品（以下「指定物品」という。）

改正の背景としては、

・ 国際植物防疫条約においては、締約国が検査を行うことができる対象は、「植物、植物生産物その他の規制品目」（同条約第七条1）とされており、規制品目は、「特に国際輸送に関係して、有害動植物が宿り、又はまん延する可能性のある植物、植物生産物、貯蔵所、包装、運搬機関、容器、土壌その他の生物、物及び材料であって、植物検疫措置が必要とみなされるものをいう。」（同条約第二条1）とされているなど、植物及び容器包装等以外の物品についても広く輸入植物検疫の対象に含めていること（③関係）、

・植物及び容器包装以外の物品を介した有害動物又は有害植物の侵入又はまん延のリスクが国際的に指摘されており、国際植物防疫条約に基づく国際基準（以下「ＩＳＰＭ」という。）の策定が進められていること、また、実際に植物及び容器包装以外の物品を輸入検査の対象とする国もみられるようになってきていること（③関係）、

・土についても、平成八年以降行われてきた有害動植物のリスク分析の結果等を踏まえ、近年では、有害動植物ごとに侵入・まん延のリスク及び経済的な影響を特定することができるようになり、新たなリスクが想定されるようになってきていること（②関係）

※　具体的には、平成二八（二〇一六）年から緊急防除を実施しているジャガイモシロシストセンチュウや、平成三〇（二〇一八）年から緊急防除を実施しているテンサイシストセンチュウは、土壌伝染性の有害動植物であり、発生しているほ場の土やそこで使用された農機具等を通じたまん延のリスクが想定されている。

・近年、有害な昆虫であるゴライアスオオツノハナムグリなど我が国に存在しない有害動植物そのものが法に違反して輸入され、増殖され、インターネット等で販売されていると考えられる事例がみられるようになってきていたが、このうち、違法に輸入され又は移動されたとの客観的な証拠がない検疫有害動植物や移動禁止対象の有害動植物、国内で増殖された有害動植物については、不十分な管理等により散逸して、まん延するおそれがある場合であっても、植物防疫官は、立入検査や廃棄の命令等を行うことができなかったこと（①関係）

が挙げられる。

（注２）　指定物品の対象は農機具以外にも多岐にわたる可能性があり、またＩＳＰＭの策定やリスク分析の進展等により対象範囲が変動する可能性もある一方、有害動植物一般を広く対象とした立入検査権限は抑制的に行使されるべきであることから、対象物品は個別の有害動植物を対象とした緊急防除における「農機具、運搬用具その他の物品（第一八条第一項第四号）」のよう

に包括的に規定することはせず、省令において列挙することとされた。

（注3）　有害動植物そのものを消毒する場合、当該有害動植物を殺傷することとなり、その価値がなくなるため、価値が現存する「消毒」とは区別され、「廃棄」と解されるべきである。このため、令和四年改正時に疑いのある動植物を法第四条第一項の対象に加える際、有害動植物については同条第二項の命令の内容として消毒ではなく廃棄を命ずることができるよう併せて措置された。なお、指定物品及び土については、以下の理由から廃棄の命令まで規定することとはされていない。

①　指定物品について

物品については、指定物品のうち中古農機具等の検疫指定物品につき、土等の付着についてその量が多い場合は消毒（除去を含む。）の実施が困難となるなど、廃棄の方が適当と判断されるケースが出てくることも想定されること、将来的に廃棄の方が適当な物品を検疫指定物品として指定する可能性は否定できないことから、令和四年の改正により、輸入植物検疫（第六条及び第九条第二項）においては、「消毒し、若しくは廃棄し」と規定された（植物等の移動の制限（第一六条の二第一項、第一六条の三第一項及び第一六条の五）においても同様）。他方、緊急防除については、国内で既に発生している有害動植物に対するものであり、「農機具、運搬用具等の物品」に対する命令の内容は消毒（第一八条第一項第四号）にとどまり、これを、その「廃棄」まで可能となる第一八条第一項第三号の対象とすることまでは想定されない。このように、物品について廃棄の方が適当というケースは、輸入植物検疫又は植物等の移動の制限しか想定されないため、法第四条の一般的権限において物品の廃棄まで規定する必要はない。

②　土について

土については、輸入植物検疫（第七条第一項第三号及び第九条第三項）及び植物等の移動禁止（第一六条の三第一項及び第一六条の五）において、輸入・移動の禁止に違反した場合に廃棄処分がなされることになっており、緊急防除においても、令和四年の改正で「廃棄」まで可能となる第一八条第一項第三号の対象として追加している。このように、仮に廃棄まで必要な土が存在する場合には、植物等の移動禁止又は緊急防除の対象として指定すれば可能となることから、法第四条の一般的権限において土の廃棄まで規定する必要はない。

（証票の携帯及び服制）
第五条　植物防疫官及び植物防疫員は、この法律により職務を執行するときは、その身分を示す証票を携帯し、且つ、前条第一項の規定による権限を行うとき、又は関係者の要求があつたときは、これを呈示しなければならない。
2　植物防疫官の服制は、農林水産大臣が定める。

【趣旨・解説】

一　証票の携帯

植物防疫官は、この法律により職務を執行するときは、その身分を示す証票を携帯し、法第四条第一項の立入検査、質問及び集取の権限を行うときには必ず、また、その他の場合でも、関係者の要求があったときは、その証票を呈示しなければならない（法第五条第一項）。立入検査等の権限を付与されている地位にあることを明らかにし、不当な権利侵害を防ぐことにある。

植物防疫員も、植物防疫官が行う検疫又は防除の事務を補助する者であることから、この法律により職務を執行するときは、その身分を示す証票を携帯し、関係者の要求があったときは、これを呈示しなければならない（法第五条第一項）。

二　植物防疫官の服制

植物防疫官の服制は、農林水産大臣が定める（法第五条第二項）。この規定に基づいて、植物防疫官の服制（昭和二六年農林省告示第四六九号）が定められている。

服制とは、植物防疫官の着用すべき制服に関する定めをいう。植物防疫官は、強権の行使等を本体とする職務に従事する者であるので、証票と合わせて、その権限を有することを容易に識別させるため、一定の制服を着用させることとした。よって、植物防疫官の資格がないにもかかわらず、植物防疫官服制により定められた制服、又はこれに似せて作った物を用いた者は、拘留又は科料に処せられる（軽犯罪法（昭和二三年法律第三九号）第一条第一五号）。

第二章　国際植物検疫

本章では、輸入植物検疫と輸出植物検疫について定めている。

一　輸入植物検疫

輸入植物検疫の目的は、輸入植物等を検疫し、有害動植物の我が国への侵入を防止し、もって我が国の有用植物を保護し、農業生産の安全を図ることにある。過去において、危険な有害動植物が我が国に侵入してしばしば大被害を与えたことがあった。例としては、リンゴワタムシ、ヤノネカイガラムシ、サツマイモ黒斑病菌、ジャガイモ輪腐病菌、イネミズゾウムシ、ミナミキイロアザミウマ等がある。外国から新しく侵入した有害動植物は、国内在来の有害動植物とは違った立場で極めて危険性をはらんでいる。その土地の気候風土が侵入した有害動植物の生活に不適当である場合は、大して問題はないが、その逆の場合や、その寄生した植物に在来の有害動植物がなかったり、その土地に有力な天敵がいなかったりする場合は、文字通り猛威を振るい、当該有害動植物の原産地では思いもよらないような被害を与えることがある。

我が国のような島国では、その多くが人為的に運ばれてくるものである。中でも寄主植物の移動が最も大きな原因となる。また、我が国のような北から南に延びる地理的環境にあると、動植物相が豊かな反面、いろいろな外国の有害動植物を安住させることにもなる。このような事情から、有害動植物の我が国への侵入を阻止するためには、輸入植物検疫は、極めて重要である。

国際植物防疫条約においても、「自国の領域に規制有害動植物(注1)が侵入し、又はまん延することを防止する目的をもって、植物、植物生産物その他の規制品目の搬入を適用のある国際協定に従って規制する主権的権限を有する。」(同条約第七条1)として、次のことを行うことができることとしている。

(a)　植物、植物生産物その他の規制品目の輸入に関する植物検疫措置(例えば、検査、輸入禁止及び処理を含む。)を定め、及びとること。

(b)　(a)の規定に基づき定め、及びとる植物検疫措置に適合しない植物、植物生産物その他の規制品目若しくはそれらの積荷の搬入若しくは留置を拒否すること、又はこれらの処理、廃棄若しくは締約国の領域からの撤去を要求すること。

(c)　規制有害動植物の自国の領域内への移動を禁止し、又は制限すること。

(d)　生物的防除資材その他の生物であって、自国にとって有益と主張されるが植物検疫上懸念のあるものについて、自国の領域内への移動を禁止し、又は制限すること。

ただ、このような措置が、国際貿易を必要以上に制限するおそれがあるので、植物検疫上の考慮により必要とされ、かつ、技術的に正当なものでない限り、自国の植物検疫法令に基づいてとってはならないことを要求している（同条約第七条2(a)）。

このような趣旨から、法においては、我が国の農業生産への影響が大きいと考えられる検疫有害動植物の寄主植物の輸入を禁止するとともに、それ以外の植物については、一部の例外を除き輸出国の政府機関により発行された検査証明書の添付を要求し、植物によっては、栽培地での検査等の追加的な措置を要求し、かつ、輸入に際して、植物防疫官が検査を行うこととしている。（注２）（注３）

（注１）　国際植物防疫条約上、検疫有害動植物及び規制非検疫有害動植物（栽培用植物に存在する非検疫有害動植物であって、その予定される用途に容認し難い経済的影響を及ぼすものであり、そのために輸入締約国の領域内において規制されるものをいう。）と定義されている（同条約第二条1）。

（注２）　外交官等については、原則として一般の場合と同様であるが、特殊の取扱いもある（外交関係に関するウィーン条約（昭和三九年条約第一四号）第三六条及び第三七条参照）。

（注３）　植物防疫法の制定より半世紀近くがたった平成八年には、輸入植物検疫制度の見直しを内容とする改正が行われた。この背景には、第一に、輸送手段の発達等による輸入植物の量的増加と質的多様化に伴い、我が国への有害動植物の侵入の可能性が高まり、より効果的、効率的に植物検疫を実施する必要性が高まったこと、第二に、平成七（一九九五）年、植物検疫

措置の貿易に対する悪影響を最小にするための新たな枠組みとして、WTO協定の一環である「衛生植物検疫措置の適用に関する協定（ＳＰＳ協定）」が合意され、有害動植物の危険度の評価（ＰＲＡ＝Pest Risk Analysis 以下「ＰＲＡ」という。）に基づき適切な検疫措置を決定すること等の基本原則が定められたという国際的な動きがあった。

二　輸出植物検疫

国際植物防疫条約に基づき締結国が行う植物防疫措置は、単に自国への有害動植物の侵入阻止の観点から行われる輸入植物検疫のみならず、自国の有害動植物を外国に散逸させない観点から行われる輸出植物検疫をも含むものである。これは、同条約締結国が、自国の農業生産を有害動植物の被害から保護するために、互いに、植物等の輸出及び輸入の二段階において検査を行うという趣旨でありいわば、検疫措置のダブルチェックによりその安全性を高めているものである。

我が国植物防疫法もこの観点から、輸入植物等については相手国の検査証明書の添付を要求している（法第六条第一項）一方、輸出植物等については輸出先国が検査証明を必要としている場合、事前に輸出植物検疫を受けなければならないものとされている（法第一〇条）。

我が国政府が植物防疫を始めた直接の動機もアメリカ合衆国がその植物防疫法により、輸出国政府に検疫証明書の要求をしてきたためであり（大正元年）、このため政府は、「輸出植物検査証明規程」（大正二年）を制定し、民間の申請に応じて検査、証明業務を開始した。

ただ、諸外国においては、輸入の場合は、厳重な取締りをしているが、輸出の場合には貿易奨励という商業ベースに立って、申請のあったときに限り、検査をしているのが通例であるが、我が国では、大正三年公布施行の輸出入植物取締法以来、輸入国が輸出国の検査証明を法規の上で要求している植物等については、法律による強制検査を要求している。つまり、検査を受けずに当該植物等を輸出した場合は、処罰するというやり方をとっているのである。

なお、検査の一部については、令和四年の法改正により、農林水産大臣の登録を受けた者（登録検査機関）が行うことができるようになった。このほか、輸入植物検疫と同様に、植物検疫に係る輸出国の検査証明を必要としている物品を検査の対象とできるようにする等の改正が行われた。

（検疫有害動植物）

第五条の二　この章で「検疫有害動植物」とは、まん延した場合に有用な植物に損害を与えるおそれがある有害動物又は有害植物であつて、次の各号のいずれかに該当するものとして農林水産省令で定めるものをいう。

一　国内に存在することが確認されていないもの

二　既に国内の一部に存在しており、かつ、この法律その他の法律の規定によりこれを駆除し、又はそのまん延を防止するための措置がとられているもの

2　農林水産大臣は、前項の規定による農林水産省令を定めようとするときは、あらかじめ、有害動物又は有害植物の性質に関し専門の学識経験を有する者その他の関係者の意見を聴かなければならない。

【趣旨・解説】

一　検疫有害動植物

従来、我が国の輸入植物検疫においては、有害動物又は有害植物が発見された場合、その種類にかかわらず、消毒等の検疫措置をとることとされていたが、平成八年改正により、検疫措置をとる有害動植物の範囲が「検疫有害動植物」として限定された。

輸入植物検疫の対象とする「検疫有害動植物」の範囲[注1]については、国際的な基準が定められており、この基準に即した規定となっている[注2]。検疫措置の対象となる有害動植物は、植物防疫法施行規則（以下「施行規則」という。）別表一に列挙されている[注3]。

「まん延した場合に有用な植物に損害を与えるおそれがあること」[注4]とは、有用な植物に直接の損害が発生していない段階でも、有用な植物に損害を与えるおそれのある、経済上潜在的に重要な有害動植物であることを意味する。

「国内に存在することが確認されていないもの」と規定されているのは、国内に存在していない有害動植物については、国内の植物が抵抗性を有するか不明であり、防除の経験もないことから、一度侵入を許すと急激にまん延するおそれが大きいため、無条件で検疫有害動植物とすることが必要だからである。なお、「存在していない」ことを立証することは非常に困難であることから、過去の知見、学術文献等によってその存在の有無を判断できるよう、「確認されていないもの」とされている。

また、「既に国内の一部に存在しており、かつ、この法律その他の法律の規定によりこれを駆除し、又はそのまん延を防止するための措置がとられているもの」とは、次のように解される。

国内の一部に存在していることとどまる場合は、更にまん延する可能性があるため対象とするが、逆に既に国内の全部に分布しているときは、まん延のおそれがないため除外される。一部の範囲については特に限定はなく、有害動植物の生息可能性のある地域の全体に広がっていなければ、依然として「一部の存在」にとどまると解される。

「この法律その他の法律の規定によりこれを駆除し、又はそのまん延を防止するための措置がとられているもの」とは、具体的には

① 法に基づく国内植物検疫（種苗検疫及び移動制限）、緊急防除、指定有害動植物の防除等の措置や、

② 森林病害虫等防除法（昭和二五年法律第五三号）に基づく駆除命令や、特定外来生物による生態系等に係る被害の防止に関する法律（平成一六年法律第七八号）に基づく主務大臣等による防除等の他法令の措置

の対象となる有害動植物が想定される。

（注1） 世界中には膨大な数の有害動植物が存在しており、検疫の対象となる有害動植物を全て列挙した完全なリストを作成することは事実上不可能であることから、平成八年の改正当初は、検疫の対象とならない有害動植物（非検疫有害動植物）を列挙し、それ以外を検疫有害動植物とした（ネガティブリスト方式）。具体的には、ＰＲＡにより、次の要件を満たす有害動植物を非検疫有害動植物とした。

① 日本に広く分布すること（日本既発生有害動植物であること）
② 日本に分布する種であって、当該種のうち性質の異なる系統（バイオタイプ、ストレイン）の存在が外国で知られていないこと
③ 国による発生予察事業、移動規制等の対象となっていないこと
④ 輸入時の検査で類似の検疫有害動植物と種の識別が可能で、国内農業に影響を及ぼすおそれがないものであること

しかしながら、その後国際ルールにおいて、科学的な根拠に基づくリスク評価の結果に従って植物検疫措置を設定すること、及び検疫措置の対象とする有害動植物について学名をもってリスト化し、公表することが求められるようになってきた。このため、平成二三（二〇一一）年に施行規則を改正（平成二三年農林水産省令第八号）し、輸入植物検疫措置の対象とする有害動植物（検疫有害動植物）の規定方法を学名で明示する方式（ポジティブリスト方式）に変更することとした。

（注２）　平成八年に規定が追加された際の「検疫有害動植物」の定義は、まん延した場合に有用な植物に損害を与えるおそれがある有害動植物であって、①国内に存在することが確認されていないもの、又は、②既に国内の一部に存在しており、かつ、国により発生予察事業その他防除に関し必要な措置がとられているものとして省令で定めるものとされていた。
これは、平成八年改正時には、国際的に、以下のように定められていたためである。

① 国際植物防疫条約における定義
・これによって危険にさらされている国の経済に重大な影響を及ぼすおそれのある有害動植物であって、
・まだその国に存在しないか、
・又は、存在するが広く分布しておらず、かつ、積極的に防除が行われているもの
② ＰＲＡガイドライン（平成七年一〇月のＦＡＯ総会において採択）における定義
・それによって危険にさらされている地域にとって経済上潜在的に重要な病虫害であって、
・まだその地域に分布していないか、

・又は、分布しても広域に分布せず、かつ、公的に防除が行われている病害虫

その後、平成一三年のＩＳＰＭ五の改訂の際に、公的防除（official control）に関する定義が追加され、公的防除は、規則に基づき実施することが要求される手続（mandatory procedures）であることが明確化されたことから、令和四年改正で、現行のＩＳＰＭと整合するよう、法第五条の二第一項第二号について「この法律その他の法律の規定によりこれを駆除し、又はそのまん延を防止するための措置がとられているもの」と改められた。

（注３）まん延した場合に有用な植物に損害を与えるおそれがないことが確認されていない有害動物及び有害植物については、施行規則別表一の第一の二の項及び第二の二の項において別途農林水産大臣が定めることとされており、これらは、平成二三年農林水産省告示第五四二号（植物防疫法施行規則別表一の第一の二の項の農林水産大臣が指定する有害動物及び同表の第二の二の項の農林水産大臣が指定する有害植物）において列挙されている。

（注４）検疫有害動植物の危険性について、国際植物防疫条約第二条１においては「地域の経済に重大な影響を及ぼすおそれ」のあるものとされている。これは、具体的には、検疫有害動植物のための病害虫リスクアナリシスについてのＩＳＰＭ一一の２・３において、「有害動植物の潜在的な経済的重要性を評価」することとされており、潜在的な経済的重要性を評価するための具体的な要因として、「作物の収穫量及び品質面における損失、防除措置（既存の措置を含む。）、それらの効果及び費用」等の直接的な影響及び「特に輸出市場アクセスに対する影響を含む、国内及び輸出市場への影響、他の有害動植物を媒介する能力」等の間接的影響が例示されている。

二　意見聴取

農林水産大臣は、次の規定による農林水産省令又は農林水産大臣が定める基準を定めようとするときは、あらかじめ、有害動物又は有害植物の性質に関し専門の学識経験を有する者その他の関係者の意見を聴かなければならないこととされている。（注）

①　検疫有害動植物を定める省令を制定しようとするとき（法第五条の二第二項）。

② 栽培の用に供しない植物であって、検疫有害動植物が付着するおそれが少ないものを定める省令を制定しようとするとき（法第六条第六項）。
③ 基準に適合していることについて検査を行う必要があるものを定める省令を制定しようとするとき（法第六条第六項）。
④ 輸入禁止品を定める省令を制定しようとするとき（法第七条第七項）。
⑤ 国際植物検疫に関する検査の手続及び方法並びに検査の結果行う処分の基準を定めようとするとき（法第一一条）。
⑥ 種苗検疫の対象となる種苗を指定しようとするとき（法第一三条第七項）。
⑦ 種苗検疫に関する検査の手続及び方法並びに検査の結果行う処分の基準を定めようとするとき（法第一五条第二項）。
⑧ 移動制限の対象となる地域及び植物等、移動制限の例外、移動制限の手続並びに消毒の基準を定める省令を制定しようとするとき（法第一六条の二第二項）。
⑨ 移動禁止の対象となる地域及び植物等を定める省令を制定しようとするとき（法第一六条の三第二項）。

（注）　植物防疫法制定時（昭和二五年）には法律の運用に、民間の者を参加せしめ、民主的な行政の運用を図ろうとする観点から、「あらかじめ公聴会を開き、利害関係人及び学識経験がある者の意見を聴かなければならない」こととされていた。しかしながら、公聴会制度は、あらかじめ行政機関が作成した草案について意見聴取を行うものであり、以下の課題があった。
① 国がリスク分析等を踏まえて作成した省令等の草案について意見聴取するものとなっているため、草案ができる前の段階から一から議論する場合と比べて、措置の内容に学識経験者や利害関係者の意見が反映されにくい。
② 植物防疫をめぐる状況が複雑に変化する中で、実態としては、公聴会が開催される前に、行政機関側から学識経験者や利害関係者に情報提供を行うとともに必要に応じて意見聴取を行うようになってきていることもあり、公聴会の役割が小さくなっている。
③ 昭和二五年の法制定当初は、行政機関が命令等を制定するに当たり、その草案について広く一般の国民が意見を表明し、その意見を成案において反映する仕組みが整備されていなかったため、公聴会という会議体を設けて一般国民の意見を聴取

することに意義はあったが、平成一七年に行政手続法（平成五年法律第八八号）が改正され、行政機関が命令等を制定するに当たり、事前に命令等の案を示し、その草案について広く国民から意見や情報を募集する意見公募手続（パブリック・コメント）の制度が設けられ、現在では、民主的な行政運営を担保する制度として定着していることからも、公聴会制度の意義は失われてきている。

④　国内の農業現場への影響を抑えるためには、公聴会が法定されていることにより、省令等のパブリック・コメントと公聴会いずれの手続をも実施して学識経験者及び利害関係者からの意見聴取を行う必要があり、迅速性が失われる。

このため、令和四年の改正時に、公聴会によらず意見聴取ができるよう改められた。

（輸入の制限）

第六条　輸入する植物（栽培の用に供しない植物であつて、検疫有害動植物が付着するおそれが少ないものとして農林水産省令で定めるものを除く。以下この項及び次項において同じ。）又は指定物品（検疫有害動植物が付着するおそれがあるものとして農林水産省令で定めるものに限る。以下この章において「検疫指定物品」という。）及びこれらの容器包装は、輸出国の政府機関により発行され、かつ、その検査の結果検疫有害動植物が付着していないことを確かめ、又は信ずる旨を記載した検査証明書又はその写しを添付してあるものでなければ、輸入してはならない。ただし、次に掲げる植物又は検疫指定物品及びこれらの容器包装については、この限りでない。

一　植物検疫についての政府機関を有しない国から輸入する植物又は検疫指定物品及びこれらの容器包装であるためこの章の規定により特に綿密な検査が行われるもの

二　農林水産省令で定める国から輸入する植物又は検疫指定物品及びこれらの容器包装であつて、検査証明書又はその写しに記載されるべき事項が当該国の政府機関から電気通信回線を通じて植物防疫所の使用に係る電子計算機（入出力装置を含む。）に送信され、当該電子計算機に備えられたファイルに記録されたもの

2　農林水産省令で定める地域から発送された植物又は検疫指定物品で、第八条第一項の規定による検査を的確に実施するため当該植物の栽培の過程で特定の検疫有害動植物が付着していないことその他の農林水産省令で定める基準に適合していることについてその輸出国で検査を行う必要があるものとして農林水産省令で定めるものについては、前項の規定によるほか、輸出国の政府機関によりその検査の結果当該基準に適合していることを確かめ、又は信ずる旨を記載した検査証明書又はその写しを添付してあるものでなければ、輸入してはならない。この場合においては、同項ただし書（第一号を除く。）の規定を準用する。

3　植物、検疫指定物品及び次条第一項に規定する輸入禁止品は、郵便物として輸入する場合を除き、農林水産省令で

定める港及び飛行場以外の場所で輸入してはならない。
4 植物、検疫指定物品及び次条第一項に規定する輸入禁止品は、小形包装物及び小包郵便物以外の郵便物又は民間事業者による信書の送達に関する法律（平成十四年法律第九十九号）第二条第三項に規定する信書便物（次項において「信書便物」という。）としては、輸入してはならない。
5 植物、検疫指定物品又は次条第一項に規定する輸入禁止品を小形包装物及び小包郵便物以外の郵便物又は信書便物として受け取つた者は、遅滞なく、その現品を添えて植物防疫所に届け出なければならない。
6 第一項本文又は第二項の農林水産省令を定める場合には、前条第二項の規定を準用する。

【趣旨・解説】

一 輸入の概念

輸入植物検疫を通して問題となるのは、いつの時点で輸入行為があったとみなすかである。いわゆる〝輸入の概念〟である。

貨物の輸出入を取り扱う法制は、多数あるが統一された輸入の概念はなく、各法律によりまちまちである。また、植物検疫における〝輸入〟の概念については、種々議論が分かれてきたところである。

輸出入植物取締法の時代においては、法律に定義はなく、大正三年同法案が議会に提出されたときの法案説明書では、「単ニ領海内ニ入ルヲ以テ輸入ト見ズ陸揚ヲ以テ輸入トス。然レドモ輸入ニ関シ検査ノ如キ手続ヲ要スル物ニ付テハ其ノ手続履行中ニ在スルモノハ之ヲ輸入ト云フヲ得ズ」と説明していた。なお、同法は、輸入前に検査を受けることを原則としていた。「陸揚げをもって輸入とする。」という解釈については、その後も同趣旨の解釈が示されている（大正七年五月一五日付け七農局第四四二号農務局長通達等）。また、航空機による輸入については、「航空機の場合は、その着陸をもって輸入されたものと解する。」との解釈が出された（昭和一二年一二月二一日付け一二農局第五六五二号農務局長通達）。

輸出入植物検疫法においては、「本州、北海道、四国、九州及びこれらの附属の島（命令で定める地域を除く。）とこれらの地域以外との間に行われる取引その他による物の移動は、この法律の適用については、これを輸出又は輸入とする。」（同法第二条）と定義されたが、これは、当時敗戦の結果、日本の統治権の及ぶ範囲が明確でなかったため織り込まれた規定で、輸出入に関する本来の定義ではなかった。もっとも、同法では、郵便物以外の船積貨物については、受検手続中のものであっても、それが陸揚げされた場合は、これを輸入の成立と解釈することができるようになった。つまり、旧法においては、検査を受けなければ輸入することができないことになっていたが、同法においては「輸入した者は、遅滞なく受検すべきこと」（同法第六条第一項）に改められたからである。現行植物防疫法は、輸入について何ら定義していない。受検の時期については、輸出入植物検疫法とほぼ同様に定められた。法令上の定義はないが、輸入木材検疫要綱（昭和二六年一一月二三日付け二六農局第一八四三号農政局長通達）は、「この要綱で「輸入」とは、外国から本邦に到着した木材を本船から陸揚場、港域内における水面若しくははしけ等へ卸下すること又は外国からえい航した海洋いかだを入港させることをいう。」（同要綱第1の3）と、また、輸入穀類等検疫要綱（昭和四六年二月六日付け四五農政第二六二八号農政局長通達）は、「この要綱で「輸入」とは、本船からはしけ、機帆船、陸揚場等への卸下若しくは内航船への積替え又は航空機から飛行場への卸下をいう。」（同要綱第1の3）と、また、輸入青果物検疫要綱（昭和六二年四月一五日付け六二農蚕第二〇〇六号農蚕園芸局長通達）は、「この要綱で「輸入」とは、本船からはしけ、機帆船、陸揚場等への卸下若しくは内航船への積替え又は航空機から飛行場内への卸下をいう。」（同要綱第1の3）と、また、海上コンテナー詰輸入植物検疫要領（昭和四七年八月二四日付け四七農政第四五〇二号農政局長通達。以下「海上コンテナー要領」という。）は、「この要領で「輸入」とは、外国から本邦に到着したコンテナーを岸壁その他の陸揚場又ははしけ等へ卸下することをいう。」（同要領第1の4）とそれぞれ定義している。なお、有害動植物の侵入を防止するための一定の条件を満たすコンテナーの積替えについて、海上コンテナー要領は、「密閉形コンテナーについては、その仕向港以外の港において一時的に卸下し、開扉することなく卸下した場所又はその周辺の埠頭から外航船（支線サービス専用船を含む。）へ積み替える場合におけるその一時的に卸下することは、輸入として取り扱わないものとする。」（同要領第1の4ただし書）としているほか、海上コンテナーの内航船積替えの確認基準（平成二年一一月一四日付け二農蚕第二二八〇号農蚕園芸局長通達）に基づき積替えが行われる場合におけるその一時的な卸下は、「海上コンテナー要領第1第3項の輸入として取り扱わない。」（同基準1の(3)）と定義している。

植物防疫法における輸入の概念を明らかにするには、輸入植物検疫の目的を明らかにしておく必要がある。輸入植物検疫の目的は、危険物たる検疫有害動植物の侵入を防止することである。したがって、検疫有害動植物が侵入する具体的な危険が生ずる段階において輸入がなされたものとするべきこととなる。

植物検疫の対象となる検疫有害動植物については、自動的にあるいは風などに送られて上陸する可能性がある。また、植物防疫法には未遂罪の処罰規定も置いていない。しかも、植物防疫法においては、「輸入した者は、遅滞なく、その旨を植物防疫所に届け出て、……検査を受けなければならない。」（法第八条第一項本文）と検査を輸入後の扱いとしている。

従来の取扱い、法の趣旨等から判断して輸入の概念をまとめると、輸入とは、外国から送出された植物、容器包装等[注1]を本邦の領土[注2]（内水を含む。）内に搬入すること[注3]をいう。つまり、陸揚げをもって原則とする。なお、国際植物防疫条約においても、締約国の行う輸入に関する措置は、「締約国は、自国の領域内を通過する積荷について、この条に定める措置を適用することができる。ただし、当該措置が、技術的に正当なものであり、かつ、有害動植物の侵入又はまん延を防止するために必要な場合に限る。」（同条約第七条4）と、通過貨物に対する検疫措置を限定している。

関税法（昭和二九年法律第六一号）は、「貨物を輸出し、又は輸入しようとする者は、政令で定めるところにより、当該貨物の品名並びに数量及び価格（輸入貨物（特例申告貨物を除く。）については、課税標準となるべき数量及び価格）その他必要な事項を税関長に申告し、貨物につき必要な検査を経て、その許可を受けなければならない。」（同法第六七条）とし、また「他の法令の規定により輸出又は輸入に関して検査又は条件の具備を必要とする貨物については、第六七条（輸出又は輸入の許可）の検査その他輸出申告又は輸入申告に係る税関の審査の際、当該法令の規定による検査の完了又は条件の具備を税関に証明し、その確認を受けなければならない。」（同法第七〇条第二項）ことを要求し、税関検査に先立って植物検疫を受けなければならないこととしている。

なお、法第六条第一項の規定に違反した者は、三年以下の懲役又は三〇〇万円以下の罰金（法人の場合は五、〇〇〇万円以下の罰金）に処する（法第三九条第一号及び第四三条第一号）。

（注1）「外国から送出された植物……」とは、外国で生産されたものはもちろん、日本品であっても船舶又は航空機から一旦外国の領土内に搬出された後、送出されたものも含む。

（注2）内水とは、港湾、河川、運河、湖沼等のことである。

（注3）「領土内に搬入する」とは、①陸揚げ、②港内におけるはしけ、機帆船等への積替え、③水面への卸下等のことである。

二　輸入の制限

(一)　検査証明書の添付

植物防疫法は、検疫についての政府機関を有する国から輸入される植物又は検疫指定物品及びこれらの容器包装については、栽培の用に供しない植物であって、検疫有害動植物が付着するおそれが少ないものとして省令で定めるものを除き、輸出国の政府機関により発行され、かつ、その検査の結果、検疫有害動植物が付着していないことを確かめ、又は信ずる旨を記載した検査証明書又はその写しを添付することを要求している（法第六条第一項本文）。ただし、植物検疫についての政府機関を有しない国から輸入する植物又は検疫指定物品及びこれらの容器包装については、検査証明書の添付は要求していないが、特に綿密な輸入検査（注1）を受けなければならない（法第六条第一項第一号）。

植物検疫について政府機関を有しない国については輸入植物検疫規程第五条で定められている（本条は同機関を有している国を列挙する形式をとっている。）。このように検査証明書の添付を要求しているのは、輸出国植物防疫機関の検査を要求することによって、検疫有害動植物の侵入の危険を防止するとともに、植物又は検疫指定物品の輸入をスムーズにし、かつ、廃棄処分等に伴う無駄を省こうとする趣旨である。

国際植物防疫条約においても、「締約国は、次の規定に基づく植物検疫証明書の発給のための措置をとる」こととされている（同条約第五条2）。

(a) 植物検疫証明書の発給のための検査その他これに関連する活動は、公的植物防疫機関により、又はその権限の下においてのみ行う。植物検疫証明書の発給は、技術上の資格を有し、かつ、公的植物防疫機関によって正当に委任された官憲が、その機関を代表し、かつ、その権限の下で、輸入締約国の当局が当該植物検疫証明書を信頼することができる文書として信用して受領することができるような知識及び情報であって当該官憲が利用することができるものを用いて行う。

(b) 植物検疫証明書又は関係輸入締約国が認める場合にはこれと同等の電子的な証明書は、この条約の附属書に定める様式の文言のとおりとする。これらの証明書は、関連するＩＳＰＭを考慮して作成され、及び発給されるべきである。

(c) 証明なしに改変し、又は抹消した証明書は、無効とする。

これは、有害動植物の国境を越えての侵入及びまん延の防止には、国際間の協力が有効なことに着目し、輸出国に検査証明書の発行を要求したものである。なお、国際植物防疫条約への加盟国は、既に一八五か国（令和五年八月一日現在）に達しているが、加盟国全てが、植物防疫機関を有しているとは限っていない。我が国は、輸入植物等について、前述のとおり検査証明書の添付を要求している。また、記載事項としては、「検査の結果検疫有害動植物が付着していないことを確かめ、又は信ずる旨を記載」するに加え、栽培地検査（(二)参照）等の特別の植物検疫措置を追加的に要求している。

また、平成八年の改正により、植物検疫手続の電算化の一環として、輸出国の政府機関から検査証明書の記載事項が電子情報で送信されたものについては、書面の添付を要しないこととなった（法第六条第一項第二号）。検査証明書の記載事項を電子情報で送信できる輸出国は省令で定めることとなっているが、平成八年改正の時点で想定された手法での電算化は行われていないことから、令和五年四月現在、省令は定められていない。[注2]

法第六条第一項本文には、平成八年の法改正により、植物検疫手続の多様化の一環として、輸出国の政府機関の発行する検査証明書の添付が不要となるもののカテゴリーが新たに作られた。

我が国へ輸入される植物については、従来、全ての植物について、輸出国の輸出検査と輸入時の輸入検査の二重のチェックが要求されていたが、ＰＲＡ概念の導入に伴い、有害動植物の我が国へ及ぼす危険度をあらかじめ評価し、危険度に応じた必要最小限の検疫措置をとることとなり、有害動植物の付着するおそれが少ないような植物については、必ずしも輸出国側の検査証明書を要せず、輸入時の輸入植物検疫のみ講ずれば足りるよう仕組みが作られた。

国際植物防疫条約においても、このような趣旨から、「締約国は、植物検疫措置であって、技術的に正当なものであり、関係を有する有害動植物の危険度に合致し、利用し得る最も制限的でない措置であり、並びに人、商品及び運搬手段の国際的な移動に対する影響が最小となるようなものに限り、制定することができる。」こととされている（同条約第七条2(g)）。

輸入に当たり、輸出国側の検査証明書を不要とする植物は、施行規則第四条において定められている。

令和四年の法改正では、輸入制限の対象を拡大し、農機具その他の農林水産省令で定める物品（法第四条において「指定物品」として定義するもの）のうち、検疫有害動植物が付着するおそれがあるものとして農林水産省令で定めるもの（以下「検疫指定物品」という。）が追加された。

国際植物防疫条約においては、締約国が検査を行うことができる対象は、「植物、植物生産物その他の規制品目」（同条約第七条）とされており、規制品目は、「特に国際輸送に関係して、有害動植物が宿り、又はまん延する可能性のある植物、植物生産物、貯蔵所、包装、運搬機関、容器、土壌その他の生物、物及び材料であって、植物検疫措置が必要とみなされるものをいう。」（同条約第二条1）とされているなど、植物及び容器包装等以外の物品についても広く輸入植物検疫の対象とすることを認めている。さらに、近年、植物及び容器包装等以外の物品を介した有害動植物の侵入又はまん延のリスクが国際的に指摘されており、平成二九（二〇一七）年には中古の車両、機械及び装置の国際移動に関するＩＳＰＭ四一が策定されるなど、ＩＳＰＭの策定が進められている。

これらの国際的な状況に加え、国内においても、平成三〇年から緊急防除を開始したテンサイシストセンチュウについて、国内への侵入の経路の一つに中古農業機械も疑われるとの分析結果が示されたことを踏まえ、検疫指定物品の輸入制限の仕組みが作られた。

検疫指定物品は、令和五年四月一日時点で、施行規則第五条において、以下のものとされている。

① 農業、園芸又は林業の用に供する機械（整地又は耕作の用に供するものに限る。）

② 農業の用に供する草刈機、乾草製造機、わら用若しくは牧草用のベーラー、収穫機又は脱穀機

③ 農業用トラクター

（注1）輸入植物検疫規程において、植物検疫についての政府機関を有しない国から輸入されるものについては、検査すべき数量を多くする措置を講じている（同規程別表第一参照）。

（注2）平成八年改正の当時は、食品衛生及び動物検疫についてはそれぞれの証明書の受発給の電算化のためのシステムの開発設計が進められており、既に証明書を電算化している豪州との間で電算化の実現に向けて協議が進められていたこと、また、植物検疫についても、国際的な植物貿易の円滑化の観点から植物検疫証明書を電算化しようという動きがあり、当時の国際植物防疫条約改正作業においても植物検疫証明書の電算化が検討事項として挙げられていたことから、近い将来植物検疫証明書についても電算化対応を迫られることは必至の状況であったため、制度的な整備を先行させる観点で改正が行われた。

㈡ 基準に適合していることについての検査

省令で定める地域から発送された植物又は検疫指定物品で、第八条第一項の規定による検査（輸入検査）を的確に実施するためその栽培の過程で特定の検疫有害動植物が付着していないことその他の農林水産省令で定める基準に適合していることについてその輸出国で検査を行う必要があるものとして省令で定めるものについては、輸出国の政府機関によりその検査の結果当該基準に適合していることを確かめ、又は信ずる旨を記載した検査証明書又はその写しを添付してあるものでなければ輸入してはならない（法第六条第二項）。本規定に基づき、輸出国に検疫措置を求める植物等については、施行規則別表一の二に定められている。

本規定は、平成八年改正時に、ＰＲＡ（注1）の概念の導入に伴う、危険度に応じた必要最小限かつ効果的な検疫制度の整備の一環として新しく作られたものであるが、平成八年改正時には、輸出国に対し栽培地における検査（栽培地検査）のみが

要求できる規定となっていた。

このため、令和四年改正時に、検疫指定物品を法第六条第一項の対象に加えた際、併せて栽培地検査以外の植物検疫措置についても輸出国に求めることができるよう、改められた（注2）。

なお、植物検疫措置を輸出国に要求することについては、必要な場合に、特に二国間交渉を必要とせず、国内法に基づき要求できることが、国際ルールとして認められている（国際植物防疫条約第六条1）。現行の植物防疫法においても、相手国から植物検疫措置を要求される場合があり得ることを前提とした規定を置いている（法第一〇条）。

（注1）　平成八年改正で輸出国に栽培地検査を要求できるよう措置した背景は以下のとおり。

有害動植物の中には、その危険度が大きく、輸入時の検査では検出が困難であるが、輸出国における栽培時点ではその発見が容易であり、輸出国における栽培地検査を実施することにより、最も効果的に我が国への侵入を防止することができるものがある。

例えば種子伝染性病害は、種子を通して病害が広い地域に一度に分散し、同時多発的に発生すること、その危険度が高いにもかかわらず、種子に低密度かつ休眠状態で潜伏することから、輸入種子の肉眼検査でこれを発見することは困難である。しかし、栽培中の植物は、病原体を活性化させ、肉眼検査で検出可能な症状を示すことから、輸出国での栽培地検査が最も高精度で確実な検査法である。

また、根部寄生性線虫は、土壌中に生息し、植物の根部に寄生する極めて微小な生物であり、これを検出するには、根部を細切し、水中に浸し、線虫を遊泳させて検出する方法があるが、植物体へのダメージが大きく、また、低密度時の検出は困難である。他方、これらの線虫は、栽培中の土壌や培養資材、根部の線虫検診を複数回反復すれば検出可能であることから、輸出国での栽培地検査が最も高精度で確実な検査法である。

以上のような、一定の検疫有害動植物については、輸出国におけるその寄主植物の栽培中にその有無を検査し、これを検査証明書の記載事項とすることとした。

（注２）令和四年改正では、以下の理由から、栽培地検査以外の植物検疫措置を要求できることとし、また、個別の要求事項については農林水産省令に規定することとした。

① 国際的にも植物以外の物品への検疫要求が行われるようになってきていること

② 検査の内容についても平成八年改正時のような、有害動植物の付着の有無を生育中に確かめる栽培地検査と輸出直前に確かめる検査の二種類のみの検査ではなく、ＰＣＲ検査等の精密検査、収穫後の一定の条件の下での消毒等、生育中、収穫後、輸出直前の各過程において、様々な要求事項に応えているかどうかを確かめるために様々な検査を行う必要が生じているため、要求事項も多岐にわたってきていること

③ 現行法のように、栽培地検査のような個別の検査事項を法定すると、新たな検査事項が出てくる度に法改正が必要となり、輸入植物検疫の実施に支障が生じること

㈢ 輸入場所の制限

植物、検疫指定物品及び輸入禁止品は、郵便物で輸入する場合を除き、省令で定める港及び飛行場（注１）以外の場所で輸入してはならない（注２）（法第六条第三項）。各港等における輸出入状況、植物防疫機関の能力、他の通関関係機関等との関連により、輸入できる港及び飛行場を制限している。

なお、省令で定める港又は飛行場以外の場所で輸入したときは、三年以下の懲役又は三〇〇万円以下の罰金（法人の場合は五、〇〇〇万円以下の罰金）に処する（法第三九条第一号及び第四三条第一号）。

（注１）省令で定める港及び飛行場は、次のとおりである（施行規則第六条。令和五年四月一日現在）。

① 全ての植物又は検疫指定物品（許可されていない輸入禁止品を除く。）を輸入できる場所

(a) 港　紋別港、網走港、根室港、花咲港、釧路港、十勝港、苫小牧港、室蘭港、函館港、小樽港、石狩湾港、留萌港、稚内港、青森港、八戸港、久慈港、宮古港、釜石港、大船渡港、石巻港、仙台塩釜港、秋田船川港、能代港、酒田港、相馬港、小名浜港、日立港、常陸那珂港、鹿島港、木更津港、千葉港、京浜港、横須賀港、姫川港、直江津港、柏崎港、

新潟港、伏木富山港、七尾港、金沢港、内浦港、敦賀港、福井港、田子の浦港、清水港、御前崎港、三河港、衣浦港、名古屋港、四日市港、津港、舞鶴港、阪南港、阪神港、姫路港、新宮港、日高港、和歌山下津港、鳥取港、境港、三隅港、浜田港、宇野港、水島港、福山港、尾道糸崎港、竹原港、呉港、広島港、岩国港、平生港、徳山下松港、三田尻中関港、山口港、宇部港、関門港、徳島小松島港、詫間港、丸亀港、坂出港、高松港、宇和島港、松山港、今治港、新居浜港、三島川之江港、高知港、須崎港、博多港、苅田港、三池港、唐津港、伊万里港、長崎港、佐世保港、比田勝港、厳原港、水俣港、八代港、三角港、熊本港、中津港、大分港、佐伯港、細島港、油津港、志布志港、鹿児島港、川内港、米ノ津港、金武中城港、那覇港、平良港、石垣港

(b)　飛行場　旭川空港、新千歳空港、函館空港、青森空港、仙台空港、秋田空港、福島空港、百里飛行場、成田国際空港、東京国際空港、新潟空港、富山空港、小松飛行場、静岡空港、名古屋飛行場、中部国際空港、関西国際空港、大阪国際空港、神戸空港、美保飛行場、岡山空港、広島空港、高松空港、松山空港、北九州空港、福岡空港、長崎空港、熊本空港、大分空港、宮崎空港、鹿児島空港、那覇空港、嘉手納飛行場

②　植物又は検疫指定物品を携帯して輸入する場合に限り輸入できる飛行場
釧路空港、帯広空港、花巻空港、山形空港、庄内空港、鳥取空港、出雲空港、山口宇部空港、徳島飛行場、高知空港、佐賀空港、下地島空港、新石垣空港

（注2）国際植物防疫条約は、輸入場所を制限するときは、国際貿易を不必要に阻害しないように選択し、かつ、その一覧表を公表し、他の締約国の植物防疫機関及びFAOに通報することを要求している（同条第七条2(d)）。

(四)　郵便物の例外

郵便業務は、日本郵便株式会社の独占事業である（郵便法（昭和二二年法律第一六五号）第二条及び第四条）。このため、通常の方法による植物の輸入とは違った取扱いの必要がある。植物防疫法においても、郵便物として植物等を輸入する場合の特別の取扱いを定めている。なお、郵便物として輸入する場合であっても、特別の取扱いを除くほかは、一般の場合と同様である

ことはいうまでもない。

小形包装物(注)及び小包郵便物以外の郵便物として植物、検疫指定物品及び輸入禁止品を輸入することはできない（法第六条第四項）。この場合の輸入禁止品は、法第七条第一項ただし書の許可を受けたものであって、それ以外のものは、たとえ郵便物であっても輸入することはできない。

植物、検疫指定物品又は輸入禁止品を小形包装物及び小包郵便物以外の郵便物として受け取った者は、遅滞なく、その現品を添えて植物防疫所に届け出なければならない（法第六条第五項）。届出違反に対しては、罰則の適用がある（法第四二条第三号）。現品とは、当該植物、検疫指定物品又は輸入禁止品である。郵便物については、通関手続をする郵便局が要検査品とそうでないものとに分け、要検査品については、植物防疫所に通知しなければならないことになっているが（法第八条第四項）その対象になっているのは、小形包装物及び小包郵便物のみであるので、万が一それ以外の郵便物として植物等を受け取った者は遅滞なく届け出る必要があるわけである。また、検査を受けていない小形包装物又は小包郵便物であって植物等を包有しているものを受け取った者は、その郵便物を添え、遅滞なく、その旨を植物防疫所に届け出て、植物防疫官の検査を受けなければならない（法第八条第六項）。

小形包装物及び小包郵便物以外の郵便物として受け取った植物等の届出のあったもの、通関手続をする郵便局から通知のあったもの及び小形包装物及び小包郵便物で検査を受けていない植物等の届出があったものについては、法第八条第一項の検査が行われる。郵便物の制限の違反、届出違反のものについては、植物防疫官は、自ら廃棄し、又はその所持者に対し、植物防疫官立会いの下に、廃棄を命ずることができるものとしている（法第九条第二項）。

（注）小形包装物については、万国郵便条約（昭和四〇年条約第一五号）1．10参照。

（輸入の禁止）

第七条　何人も、次に掲げる物（以下「輸入禁止品」という。）を輸入してはならない。ただし、試験研究の用その他農林水産省令で定める特別の用（第九条第三項各号において「試験研究等用途」という。）に供するため農林水産大臣の許可を受けた場合は、この限りでない。

一　農林水産省令で定める地域から発送され、又は当該地域を経由した植物で、農林水産省令で定めるもの

二　検疫有害動植物

三　土又は土の付着する植物

四　前各号に掲げる物の容器包装

2　前項ただし書の許可を受けようとする者は、農林水産省令で定めるところにより、農林水産大臣に許可の申請をしなければならない。

3　農林水産大臣は、前項の申請に係る輸入禁止品の輸入後においてこれを管理する施設が農林水産省令で定める技術上の基準に適合していると認めるときでなければ、第一項ただし書の許可をしてはならない。

4　第一項ただし書の許可を受けた場合には、同項ただし書の許可を受けたことを証する書面を添付して輸入しなければならない。

5　第一項ただし書の許可には、輸入の方法、輸入後の管理方法その他必要な条件を付することができる。

6　農林水産大臣は、第一項ただし書の許可に係る第三項の施設が同項の技術上の基準に適合しなくなつたと認めるとき、又は第一項ただし書の許可を受けた者が前項の規定により付された条件に違反したときは、当該第一項ただし書の許可を取り消し、又は当該輸入禁止品の廃棄その他の必要な措置をとるべきことを命ずることができる。

7　第一項第一号の農林水産省令を定める場合には、第五条の二第二項の規定を準用する。

【趣旨・解説】

一　輸入禁止品

植物防疫法は、次の①から④までに掲げるもの（輸入禁止品）の輸入を禁止している（法第七条第一項）。

①　省令で定める地域から発送され、又は当該地域を経由した植物で、省令で定めるもの。

植物の輸入に際しては、一般に植物検疫が行われ、検疫有害動植物がある場合や検査証明書の添付等の規定に違反した場合には、消毒、廃棄等の措置を講じ、検疫有害動植物の侵入を防止している。しかし、検疫有害動植物の中には、輸入に際しての検査では、その検出が極めて難しく、また適切な消毒方法が確立されていないものがある。このような場合、その寄主植物について輸入禁止措置をとる以外その侵入を防止する方法がない。先にも述べたとおり、国際植物防疫条約においても、このような権限を輸入国に与えている。

施行規則第九条において以下の三つが定められている。

一　別表二に掲げる地域及び植物

二　別表二の二に掲げる地域及び植物（同表に掲げる基準に適合しているものを除く。）

三　別表一の二に掲げる地域及び植物（栽培の過程で検査を行う必要があるものであつて同表に掲げる地域において栽培されていないものに限る。）

同条第一号については、昭和四〇年代以降、青果物を中心に諸外国からの輸入解禁要請があったことから、農林水産大臣が定める基準に適合している一部の植物については、その対象から除いている。当該基準は、対象となる地域及び植物ごとに告示で定められている。

同条第二号については、輸出国に有害動植物の特徴や危険度に応じた検疫措置（輸出国における熱処理、精密検定等）

の実施を求めるとともに、基準（要求事項）を満たさない特定の植物は輸入の禁止の対象植物としている。これは、平成二三年の施行規則の改正（平成二三年農林水産省令第八号）において検疫有害動植物のポジティブリスト方式への変更を行った際、リスクに応じた輸入植物検疫制度を構築する観点から、輸入植物検疫措置の選択肢を増やすため追加された規定である。(注1)なお、令和四年の法改正により、法第六条第二項に基づく輸入の制限についても栽培地検査以外の多様な検疫措置を規定することが可能となったことから、両者の関係については検疫有害動植物のリスクに応じて整理がなされることとなった。(注2)

同条第三号の、「栽培の過程で検査を行う必要があるものであって同表に掲げる地域において栽培されていないもの」には、野生のものが含まれる。

農林水産大臣は、この省令を定めようとするときは、あらかじめ法第五条の二第二項の規定に基づき、関係者の意見を聴かなければならない。

② 検疫有害動植物

これは、検疫有害動植物そのものの輸入を禁止しているのであり、検疫有害動植物が付着している植物等の輸入を禁止しているのではない。

③ 土又は土の付着する植物

植物の地下部に寄生する有害動植物には、昆虫、線虫、各種菌類等、いろいろな種類のものがあり、その上、根部を覆っている土壌中に幼虫、蛹等として隠れているものに至っては、無数といわなくてはならない。また土壌の検査のために土壌を除去すると多くの場合植物の生育を害することとなり、植物検査の際、これらの除去を徹底的に遂行することは、事実上困難となる事情もあるので土又は土の付着する植物を輸入禁止品としたものである。なお、輸入植物検疫規程においては、「陶土、りん鉱、けいそう土、ボーキサイト、有機質を混入しない砂れき」については、そのおそれがないため、本号の土に含めず、輸入し得るものとした（同規程第九条）。

④　①から③に掲げる物の容器包装

国際植物防疫条約は、締約国が、植物検疫に関する要件、制限及び禁止について採用したときは、直ちに、これを公表し、及び当該措置によって直接影響を受けると信ずる他の締約国に通報することを要求している（同条約第七条２(b)）。

法第七条第一項の規定に違反して輸入禁止品を輸入した者は、三年以下の懲役又は三〇〇万円以下の罰金（法人の場合は五、〇〇〇万円以下の罰金）に処する（法第三九条第一号及び第四三条第一号）。また、輸入された輸入禁止品は、確実に廃棄する必要があるため、植物防疫官が廃棄する（法第九条第三項）。

（注１）　別表二の二については、平成二三年当時、検疫措置の多様化とともに輸出国に検疫措置を求めることが潮流になりつつある中、法で規定される検疫措置が輸入禁止、輸出国での栽培地検査、日本での輸入検査の三つの類型に限られ、多様な検疫措置をとることが難しいという法体系の中で、輸入禁止のカテゴリーにおいて比較的緩やかな条件をもって輸入を可能とするという措置の枠組みを新設することにより、多様な措置を輸出国に求めることを可能とするものであった。

（注２）　令和四年の法改正において、輸入制限に関する法第六条第二項が改正され、栽培地検査のみならず、「栽培の過程で特定の検疫有害動植物が付着していないことその他の農林水産省令で定める基準」として、栽培地検査以外の多様な検疫措置を規定することが可能となったことから、施行規則別表の見直しが行われた。

具体的には、検疫有害動植物のリスクに応じて、原則として、あらかじめ施行規則別表に規定する国と植物に共通した検疫措置を規定することが可能な検疫有害動植物のうち、輸入禁止品の例外という観点からリスクが高いものを施行規則別表二の二に、輸入制限の観点からリスクが中程度のものを施行規則別表一の二に規定することとした。

二　輸入禁止品の輸入許可

検疫有害動植物そのものや特に危険な検疫有害動植物の寄主植物等の輸入禁止品は例外なく輸入を禁止すべきものであるが、反面学術研究の進歩等の阻害となる場合がある。そこで、有害動植物が散逸しないよう厳重な条件を付して輸入し得る道を開いた。試験研究の用その他省令で定める特別の用に供するため農林水産大臣の許可を受けた場合は、輸入できることとしている（法第七条第一項ただし書）。

従来、農林水産大臣の輸入許可は試験研究用のものにのみ与えられていたが、平成八年の改正により試験研究目的以外にも、次の要件を満たすものであって、かつ、要請があるものを新たにその対象に加えた。

① 教育・科学又は文化の発展に資する等公益性が高いこと。
② 管理施設、管理責任者等の体制を備えた専門的な機関で取り扱われ、検疫上の安全が確保されること。

具体的には、平成九（一九九七）年、施行規則第六条の二において、

① 博物館、植物園その他の公共の施設において、標本として展示し、又は保管すること。
② 犯罪捜査のための証拠物として使用すること。

と定められた。

その後、平成二〇（二〇〇八）年に「ウリミバエの防除を行うことを目的として、生殖を不能にされたウリミバエを生産するため、ウリミバエの繁殖の用に供すること。」が加えられたほか、令和四年には、検疫有害動植物を法に定める検査等の陽性コントロール等として用いるため以下の用途が追加された。

① 法第四条第一項、法第八条及び法第一〇条の規定による検査に使用すること。
② 法第一六条の七の規定による調査に使用すること。
③ 法第一六条の八の規定による通報を行うために使用すること。

また、令和四年改正において、法第九条第三項に輸入検査で発見された輸入禁止品の取扱いの特例を設けた際、その趣旨及び目的を同じくする第七条第一項ただし書又は第一六条の三第一項ただし書における、輸入又は移動の禁止の例外としての試験研究等用途に係る許可制度と一体的に整備することが適当であるため、第七条第一項ただし書の許可の仕組みに必要な規定を追加し、第九条と第一六条の三ではこれを準用することとした。これに伴い、以下の規定が新設された。

① 第七条第一項ただし書の許可を受けようとする者は、農林水産省令で定めるところにより、農林水産大臣に許可の申

請をしなければならないこと（同条第二項）。

② 農林水産大臣は、①の申請に係る輸入禁止品を管理する施設が農林水産省令で定める技術上の基準に適合していると認めるときでなければ、第七条第一項ただし書の許可をしてはならないこと（注1）（同条第三項）。

③ 農林水産大臣は、第七条第一項ただし書の許可を受けた者について、施設が②の技術上の基準に適合しなくなったと認めるとき、又は同条第五項の規定により農林水産大臣により付された許可の条件に違反したときは、第七条第一項ただし書の許可を取り消し、又は当該輸入禁止品の廃棄その他必要な措置をとるべきことを命ずることができること（注2）（同条第六項）。

輸入禁止品の輸入許可を受けようとする者は、その者の住所地を管轄する植物防疫所を経由して農林水産大臣に申請書を提出する（施行規則第七条第一項）。

農林水産大臣は、検疫有害動植物の散逸を防止するため、許可に当たって、輸入の方法、輸入後の管理方法その他必要な条件を付することができる（法第七条第五項）。通常付される条件は、次のものである（注3）（施行規則第八条第一項）。

① 植物防疫所気付として輸入すること及びその他輸送又は荷造りの方法に関すること。
② 輸入した輸入禁止品の容器包装の輸入許可に関すること。
③ 輸入した輸入禁止品の管理の場所及び期間その他の管理の方法に関すること。
④ 輸入した輸入禁止品の管理の責任者に関すること。
⑤ 当該輸入禁止品の譲渡その他の処分の制限又は禁止に関すること。
⑥ 管理中の当該植物に検疫有害動植物が発生した場合における通知及びその措置方法に関すること。

有害動植物の散逸防止のために通常以上のような条件が付されるが、この条件に違反した者は、三年以下の懲役又は三〇〇万円以下の罰金（法人の場合は五、〇〇〇万円以下の罰金）に処することとしている（法第三九条第二号及び第四三条第一号）。

許可されたときは、輸入許可証票（IMPORT CERTIFICATE）及び輸入禁止品輸入許可指令書が交付される（施行規則第七条第二項）。この許可証票を当該許可品に添付して輸入しなければならない（法第七条第四項）。そのため、携帯して輸入する場合以外は、これを発送人に送付し、当該輸入禁止品に添付して発送させなければならない（施行規則第七条第三項）。

許可を受けた者で、許可条件の変更を求めようとする者は、許可申請書を提出した植物防疫所を経由して、農林水産大臣に変更申請をすることができる。

農林水産大臣は、許可条件の変更申請があった場合において、当該申請の理由が正当であり、かつ、やむを得ないと認められるときは、許可条件を変更することができる。変更したときは植物防疫所を通じてその旨を当該申請者に通知する（施行規則第八条第二項）。

許可証票が添付されないで輸入された物については、植物防疫官が廃棄する（法第九条第三項）。この許可証票は、当該物件が輸入禁止品であり、かつ、許可を受けたものであることを証明するもので、税関、郵便局等の関係者にこのことを認識させるためのものである。輸入禁止品を輸入した者（郵便物として輸入した場合は、通関手続をする郵便局）は、植物防疫所へ届け出て（通知して）植物防疫官の検査を受ける。植物防疫官は、許可を受けた輸入禁止品で、許可条件に違反しないものについては、輸入認可証を押印し、添付し、又は交付する（施行規則第一九条第二項）。

（注1）　技術上の基準は、以下のとおり規定されている（施行規則第七条の二）。

①　天井、壁及び床が、輸入禁止品が分散しない構造であって、振動、転倒、落下等による外部からの衝撃により容易に損壊しない構造であること。

②　輸入禁止品の種類に応じて出入口及び開口部に必要な分散防止措置がとられていること。

③　オートクレーブ等の殺虫・殺菌設備その他輸入禁止品を適切に処理するために必要な設備を有していること。

④　その他輸入禁止品の種類に応じて当該輸入禁止品の分散を防止するために必要な構造、設備及び機能を有していること。

⑤　輸入禁止品を安全かつ適切に管理できる知識及び技術を有する責任者を配置していること。

（注2）　「その他必要な措置」としては、法第四条第二項の消毒のような、検疫有害動植物が付着しているおそれがある植物、指

定物品等であって、輸入禁止品それ自体ではないようなもの（輸入禁止品を接種した植物や、輸入禁止品を増殖したもの）、研究所の施設等に対して消毒等を行い、検疫有害動植物を死滅させる措置が考えられる。

（注3） 法第七条第五項の「輸入後の管理方法」として付する条件としては、許可を受けた土を用いての植物の栽培を行わないことといった輸入禁止品ごとの管理における禁止事項、定期的に管理状況について報告を行うこと等が付されている。

（輸入植物等の検査）

第八条　植物、検疫指定物品又は輸入禁止品を輸入した者は、遅滞なく、その旨を植物防疫所に届け出て、その植物、検疫指定物品又は輸入禁止品及びこれらの容器包装につき、原状のままで、植物防疫官から、第六条第一項及び第二項の規定に違反しないかどうか、輸入禁止品であるかどうか、並びに検疫有害動植物（農林水産大臣が指定する検疫有害動植物を除く。第七項及び次条において同じ。）があるかどうかについての検査を受けなければならない。ただし、第三項の規定による検査を受けた場合及び郵便物として輸入した場合は、この限りでない。

2　前項の規定による検査は、第六条第三項の港又は飛行場の中の植物防疫官が指定する場所で行う。ただし、特別の事由があるときは、農林水産大臣が定める基準に適合するその他の場所のうち植物防疫官が指定する場所で行うことができる。

3　植物防疫官は、必要と認めるときは、輸入される植物又は検疫指定物品及びこれらの容器包装につき、船舶又は航空機内で輸入に先立つて検査を行うことができる。

4　日本郵便株式会社は、通関手続が行われる事業所において、植物、検疫指定物品又は輸入禁止品を包有し、又は包有している疑いのある小形包装物又は小包郵便物の送付を受けたときは、遅滞なく、その旨を植物防疫所に通知しなければならない。

5　前項の通知があつたときは、植物防疫官は、同項の小形包装物又は小包郵便物の検査を行う。この場合において、検査のため必要があるときは、日本郵便株式会社の職員の立会いの下に当該郵便物を開くことができる。

6　前項の規定による検査を受けていない小形包装物又は小包郵便物であつて植物又は検疫指定物品を包有しているものを受け取つた者は、その郵便物を添え、遅滞なく、その旨を植物防疫所に届け出て、植物防疫官の検査を受けなければならない。

7　農林水産省令で定める種苗については、植物防疫官は、第一項、第三項、第五項又は前項の規定による検査の結果、検疫有害動植物があるかどうかを判定するためなお必要があるときは、農林水産省令で定めるところにより、当該植物の所有者に対して隔離栽培を命じてその栽培地で検査を行い、又は自ら隔離栽培を実施することができる。
8　植物防疫官は、外国から入港した船舶又は航空機に乗つてきた者に対して、その携帯品（第一項又は第三項の規定による検査を受けた物を除く。）のうちに植物、検疫指定物品又は輸入禁止品が含まれているかどうかを判断するため、必要な質問を行うとともに、必要な限度において、当該携帯品の検査を行うことができる。

【趣旨・解説】

一　輸入植物等の検査

植物、検疫指定物品又は輸入禁止品の輸入については、禁止規定あるいは制限規定があるが、それらの規定に違反しない一定の条件を具備した植物等については、輸入できる。このようにして輸入された植物等について、植物防疫法は、禁止あるいは制限に関する諸条件を具備したものであるかどうか、検疫有害動植物があるかどうかについて、植物防疫官が検査し、必要な措置を講ずる規定を設けた。これに関する規定が法第八条及び第九条である。

まず輸入植物等の検査であるが、植物防疫官が輸入された貨物を一つ一つチェックすることは、事実上不可能であるので、当該植物等を輸入した者に届出義務を課し、届出により、検査を行うこととした。(注1)「植物、検疫指定物品又は輸入禁止品を輸入した者は、遅滞なく、その旨を植物防疫所に届け出て、その植物、検疫指定物品又は輸入禁止品及びこれらの容器包装につき、原状のままで、植物防疫官から、……の検査を受けなければならない。」（法第八条第一項）。ただ、後で述べるが、輸入に先立って検査を受け、合格したもの及び郵便物として輸入したものについては、届出義務は課されていないのは当然である（同条ただし書）。

届出義務を課せられるのは「輸入した者」であるが、この輸入した者が誰であるかが問題となる。一般社会通念からすると輸入者＝荷主ということになる。携帯品で輸入される場合は大概そうである。しかし、貨物の場合などは、必ずしもそういうことにはならない。

法が、届出は、輸入後遅滞なく行い、原状のままで検査を受けなければならないこととしているのは、輸入されることによって検疫有害動植物の侵入の具体的な危険が生ずるため、検査をできるだけ速やかに行い、とるべき措置を遅らしめないようにするためである。したがって届出義務は、当該植物等の輸入の責任者、つまり、輸入の指揮を行う者に課されたものと解するのが最も適当と考えられる。輸入の指揮を行う者とは、当該植物等をいつ、どこに陸揚げするか等の最終的決定権を持つ者のことである。所有者（荷主）自ら行う場合は、当該所有者ということになるが、場合によっては、所有者でない輸入業者、運送人、船長等も含まれることとなる。この輸入者は、届出義務とともに、受検義務も課されている。

植物防疫官は、届出のあったときは、①法第六条第一項及び第二項の規定に違反しないかどうか、②輸入禁止品であるかどうか、③検疫有害動植物があるかどうかについて検査するのである。(注2)(注3)(注4)

以下その手続について述べよう。

植物、検疫指定物品又は輸入禁止品を輸入しようとする者は、その植物、検疫指定物品又は輸入禁止品を積載した船舶（航空機）の入港（着陸）後、遅滞なく、植物防疫官に検査申請書を提出しなければならない（施行規則第一〇条）。この検査申請書の提出があったときは、植物防疫官が当該申請者に対し、検査を行う場所及び検査の期日を前もって通知する（施行規則第一一条）。

検査は、当該植物等を輸入した港又は飛行場の中の植物防疫官が指定する場所で行われる。(注5)ただし、特別の事由があるときは、農林水産大臣が定める基準に適合するその他の場所のうち植物防疫官が指定する場所で検査を行うことができる（法第八条第二項）。これは、令和四年の法改正において、輸入植物検疫の対象に検疫指定物品として中古の農機具等の植物以外の物品を追加するのに伴い、農機具等はその大きさやロットによっては港又は飛行場内では検査のための開披ができない場合が想定され、検査を行う場所として内陸の場所を含めることとされた。

植物、検疫指定物品又は輸入禁止品を輸入した者は、植物防疫官の検査を受けるわけであるが、検査を受けるときは、植物防疫官の指示に従って当該植物、検疫指定物品又は輸入禁止品及びその容器包装につき運搬、荷解き、荷造りその他の措置をしなければならない（施行規則第一二条）。

検査を受けず、又はその検査を受けるに当たって不正行為をしたときは、三年以下の懲役又は三〇〇万円以下の罰金（法人の場合は五、〇〇〇万円以下の罰金）に処する（法第三九条第四号及び第四三条第一号）。

（注1）　次に掲げる植物は、輸入植物検疫の対象とならない（輸入植物検疫規程第六条）。

①　製材、防腐木材、木工品、竹工品及び家具什器等の加工品

②　木材こん包材（加工又は処理が行われていない木材を用いて製造された、パレット、ダンネージ、木枠、こん包ブロック、ドラム、木箱、積載板、パレットカラー、スキッドその他のこん包材にあつては、生産国において国際植物防疫条約に基づき設置された植物検疫措置に関する委員会が定める植物検疫措置に関するＩＳＰＭ一五の付属書一の規定に適合する消毒が行われ、かつ、当該ＩＳＰＭ一五の付属書二の規定に適合する方式による表示が付されているものに限る。）

③　籐及びコルク

④　麻袋、綿、綿布、へちま製品、紙、ひも、綱等の繊維製品及び粗繊維（原綿を含む。）であって植物の包装材料として使用されたことのないもの。

⑤　製茶、ホップの乾花及び乾たけのこ

⑥　発酵処理されたバニラビーン

⑦　亜硫酸、アルコール、酢酸、砂糖、塩等につけられた植物

⑧　あんず、いちじく、かき、キウイフルーツ、すもも、なし、なつめ、なつめやし、パインアップル、バナナ、パパイヤ、ぶどう、マンゴウ、もも及びびりゆうがんの乾果

⑨　ココやしの内果皮を粒状にしたもの

⑩　乾燥した香辛料であって小売用の容器に密封されているもの

（注２）次に掲げる物は、輸入植物検疫において有害動物の範囲に含まれない（同規程第八条）。

①　有用植物を直接害しないしみ、むかで、ひる等

②　死滅した有害動物

③　ひまさん、モルモット等の有用動物

（注３）次に掲げる物は、輸入植物検疫において有害植物の範囲に含まれない（同規程第七条）。

①　有用植物を直接又は間接に害しないちゃわんたけ等の真菌、むらさきほこりかび等の粘菌、及びバチルス・フオスフオロイス等の細菌

②　死滅した有害植物

③　まつたけ、きくらげ、マッシュルーム等の食用菌及び醸造用として使用する菌類

④　ペニシリン、ストレプトマイシン等の薬剤を製造するのに使用する有用菌及び薬用地衣類

（注４）国際植物防疫条約は、輸入検査について「当該植物の枯死しやすさ及び当該植物生産物その他の規制品目の変敗しやすさに十分な考慮を払って、できる限り速やかに行う」ことを要求している（同条約第七条２(e)）。

（注５）関税法は、「外国貨物は、保税地域以外の場所に置くことができない。」ことを原則としたが、本項による検査を受けるためのものについては、例外規定を設けている（同法第三〇条第一項第三号及び関税法施行令第二五条第四号）。

植物防疫官は、輸入されると検疫有害動植物が散逸するおそれがある場合等必要と認めるときは、輸入される植物又は検疫指定物品及びこれらの容器包装につき、船舶又は航空機内で輸入に先立って検査を行うことができることとされている（法第八条第三項）。

これは、検査の融通性を考慮したものである。この対象となるのは、輸入される植物又は検疫指定物品であり、輸入される植物又は検疫指定物品であるかどうかは、植物防疫官の判断によるのではなく、当該植物又は検疫指定物品の所有者等の意思による。ただ、どうしても検査の必要性がある場合は、法第四条の規定によるほかない。当該検査に合格したものにつ

いては、輸入後の検査は、受ける必要がない（法第八条第一項ただし書）。

この検査を受ける者も、検査を受けるときは、植物防疫官の指示に従って当該植物又は検疫指定物品及びこれらの容器包装につき運搬、荷解き、荷造りその他の措置をしなければならないのは、輸入後の検査と同様である（施行規則第一二条）。輸入後の検査及び輸入に先立つ検査等法第八条の検査の数量及び方法については、輸入植物検疫規程第一条による。

二　隔離栽培

輸入植物の検査は、前述したとおり、我が国への検疫有害動植物の侵入の阻止の観点から、輸入時点での検査を原則とするが、ウイルス等有害動植物の種類によっては輸入時点での検査のみではその検出が困難である場合もある。このような場合には、当該植物の生育中にその病徴が現われてくること等から、生育中の検査が不可欠なものとなってくる。このため植物防疫法は、重要なウイルスの宿主植物である特定の種苗について、一定期間これを他の植物から隔離して栽培し、当該栽培期間中に検査を行うという隔離栽培の手法を採用している。

植物防疫官は、次に掲げる植物（輸入後栽培されないでそのまま輸出されるものを除く。）については、輸入に際しての検査（法第八条第一項、第三項、第五項又は第六項の規定による検査）の結果、検疫有害動植物があるかどうかを判定するためなお必要があるときは、農林水産省令で定めるところにより、当該植物の所有者に対して隔離栽培を命じてその栽培地で検査を行うか、又は自ら隔離栽培を行うことができるものとした（法第八条第七項及び施行規則第一四条）。

(1)　ゆり、チューリップ、ヒヤシンス等の球根

(2)　ばれいしょの塊茎及びさつまいもの塊根

(3)　かんきつ類、りんご、なし、くり等の果樹苗木

(4)　さとうきびの生茎葉及び地下部

(1)から(4)までに掲げるものについては、種苗に使用され得るものであり、その植物の性質上、輸入に際しての検査のみでは、検疫有害動植物の検出が極めて困難であるので、検疫有害動植物があるかどうかを判定するためなお必要があるときは、

隔離栽培を行ってその判別を行うこととした。

植物防疫官は、隔離栽培を必要と認めたときは、当該種苗の収受を停止して（郵便物の場合にあっては、当該種苗を郵便局から受領して）(注1)当該種苗を輸入した者(注2)（郵便物の名宛人を含む。）に対し文書で隔離栽培に関する要件(注3)を通知するとともに、期限を付して、隔離栽培ができるかどうか、できる場合には隔離栽培をする場所（位置及び付近の状況）及び管理責任者について回答を求める（施行規則第一五条）。

植物防疫官は、この回答により、隔離栽培を命ずることができると認めたときは、当該種苗を輸入した者に対し、当該種苗に隔離栽培命令書を添えて送付する（施行規則第一六条）。

また、回答により、自ら実施することが適当であると認めるときは、当該種苗を植物防疫所に送付し、当該種苗を輸入した者に通知する。この場合、植物防疫官は、隔離栽培を実施した結果、検査に合格したときは、遅滞なく、これを輸入した者に送付しなければならない（施行規則第一七条）。

通知に対する回答のないとき又は隔離栽培することができない旨の回答があり、かつ、植物防疫官自ら隔離栽培することができないときは、当該種苗を廃棄する（施行規則第一八条）。

隔離栽培に関する命令（隔離栽培命令書記載事項）に違反したときは、一年以下の懲役又は五〇万円以下の罰金に処する（法第四一条第一項第二号）。命令違反があった場合において、その違反に係る種苗については、植物防疫官自ら消毒又は廃棄するか、立会いの下に所持する者に消毒又は廃棄させることができる（法第九条第二項）。

（注1）　当該郵便局に受領証を交付しなければならない（施行規則第二一条第二項）。

（注2）　法第八条第七項においては、隔離栽培に関する命令は、当該種苗の所有者になすべきものとしている。ここにおいて「輸入した者」としたのは、便宜上であろう。

（注3）　隔離栽培に関する要件は、次のとおりである。

①　当該植物を一定期間隔離された土地又は場所で栽培しなければならないこと。

② 植物防疫官の検査が終了するまでの期間当該種苗（その生産物を含む。）を隔離された土地又は場所の区域外へ移動してはならないこと。

③ 隔離期間中当該種苗に検疫有害動植物が発生し、又は異状があったときは、その旨を遅滞なく植物防疫官に通知すべきこと。

④ 植物防疫官の指示があったときは、その指示する措置を実施すべきこと。

三　郵便物による輸入に関する例外規定

郵便物による輸入以外の場合にあっては、植物等を輸入した者に届出及び受検義務が課されている。しかし、郵便業務は、日本郵便株式会社の独占事業であり、郵便物の輸入の取扱いは、郵便局が行う。このため、郵便物による輸入については特例を設け、通関手続をする郵便局が植物防疫所に通知しなければならないこととし、この通知により、植物防疫官が検査を行うこととした。

通関手続をする郵便局は、植物、検疫指定物品又は輸入禁止品を包有し、又は包有している疑いのある小形包装物、又は小包郵便物の送付を受けたときは、遅滞なく、その旨を植物防疫所に通知しなければならない（注1）（法第八条第四項）。この通知により、植物防疫官は、当該物件の検査を行う。この場合の検査も法第八条第一項の検査である。植物防疫官は、検査のため必要があるときは、郵便局員立会いの下に当該郵便物を開くことができる（注2）（法第八条第五項）。

植物防疫官は、郵便物を検査するため、当該郵便物を郵便局から受領したときは、当該郵便局に受領証を交付しなければならない（施行規則第二一条第二項）。

当該検査に合格したものについては、合格した旨の証明がなされ（法第九条第五項）、名宛人に送付されるが、この検査を経ないでそのまま名宛人に送られる場合がある。

そこで、この検査を受けていない小形包装物又は小包郵便物であって植物又は検疫指定物品を包有しているものを受け取った者に対し、その郵便物を添えて、遅滞なく、植物防疫所に届け出て、検査を受ける義務を課した（法第八条第六項）。この検査を受けず、又はその検査を受けるに当たって不正行為をしたときは、処罰される（法第四一条第一項第一号）。

また、植物防疫官は、当該違反物件を消毒又は廃棄し、又はこれを所持する者に対して植物防疫官立会いの下にこれを消毒又は廃棄すべきことを命ずることができることとした（法第九条第二項）。

（注１）郵便法第一〇条においては、「郵便物が検疫を受けるべき場合には、他の物件に先立つて、直ちに検疫を受ける。」ことと規定している。

（注２）郵便法第七七条においては、取扱中に係る郵便物を正当の事由なく開き、き損し、隠匿し、放棄し、……た者は、処罰することとしているが、植物防疫法に基づいて行う処分は、ここでいう正当な事由に該当する。

四　出入国者の携帯品の検査について

植物防疫官は、入国者に対して、その携帯品のうちに、植物、検疫指定物品又は輸入禁止品が含まれているかどうかを判断するため、必要な質問を行うとともに、必要な限度において、当該携帯品の検査を行うことができる（法第八条第八項）。

これは、中国などアジア諸国を中心とした訪日外国人の急増を背景として、入国者の手荷物など（携帯品）として持ち込まれる果実等の輸入禁止品や検査証明書の添付がない植物が増加しており、輸入検査において携帯品から検疫有害動植物が発見される事例も多く報告されている反面、入国者からの申請がない場合はもちろん、検疫探知犬が反応した場合であっても入国者が回答や検査を拒否したり虚偽回答を行ったりする場合には検査を行うことができないという課題があったことから、令和四年の法改正により、家畜伝染病予防法を参考に新設された規定である。

なお、輸出検査においても、自国の有害動植物を外国に散逸させないという輸出植物検疫の趣旨及び輸入国からの要請を踏まえれば、出国者の携帯品を介した有害動植物の国外への持ち出しを防ぐ必要性は非常に高いことから、出国者の携帯品に関する植物防疫官の質問・検査に係る規定についても、輸入検査と同様に家畜伝染病予防法を参考に新設された（法第一〇条第六項）。

（廃棄、消毒等の処分）

第九条　前条の規定による検査の結果、検疫有害動植物があつた場合は、植物防疫官は、その植物若しくは検疫指定物品及びこれらの容器包装を消毒し、若しくは廃棄し、又はこれらを所有し、若しくは管理する者に対して植物防疫官の立会いの下にこれらを消毒し、若しくは廃棄すべきことを命じなければならない。

2　植物防疫官は、第六条第一項から第五項まで若しくは前条第一項若しくは第六項の規定に違反して輸入された植物若しくは検疫指定物品及びこれらの容器包装を消毒し、若しくは廃棄し、又はこれらを所持している者に対して植物防疫官の立会いの下にこれらを消毒し、若しくは廃棄すべきことを命ずることができる。同条第七項の規定による隔離栽培の命令の違反があつた場合において、その違反に係る植物についてもまた同様とする。

3　第七条第一項の規定に違反して輸入された輸入禁止品があるときは、植物防疫官は、これを廃棄する。ただし、次に掲げる場合は、この限りでない。

一　植物防疫官が当該輸入禁止品を試験研究等用途に供する場合

二　輸入禁止品を試験研究等用途に供することについて農林水産大臣の許可を受けた者に対し、当該輸入禁止品を当該許可に係る用に供させるために譲り渡す場合

4　第七条第一項の規定に違反して輸入禁止品を輸入した者は、当該輸入禁止品について前項第二号の許可を受けることができない。

5　前条の規定による検査の結果、当該植物又は検疫指定物品及びこれらの容器包装が第六条第一項及び第二項の規定に違反せず、輸入禁止品に該当せず、かつ、これらに検疫有害動植物がないと認めたときは、植物防疫官は、検査に合格した旨の証明をしなければならない。

6　第三項第二号の許可には、第七条第二項、第三項、第五項及び第六項の規定を準用する。この場合において、同条

第三項中「輸入後」とあるのは「譲渡し後」と、同条第五項中「輸入の方法、輸入後の管理方法」とあるのは「譲渡し後の管理方法」と読み替えるものとする。

【趣旨・解説】

一　検査の合格

法第八条の規定による検査の結果、当該植物又は検疫指定物品及びこれらの容器包装が法第六条第一項及び第二項の規定に違反せず、輸入禁止品に該当せず、かつ、これに検疫有害動植物がないと認めたときは、植物防疫官は、検査に合格した旨の証明をしなければならない（注）（法第九条第五項）。この証明は、証印、証票、証明書とする（施行規則第一九条第一項）。なお、法第八条第二項ただし書の植物防疫官が指定する場所に輸送される植物、検疫指定物品又は輸入禁止品及びこれらの容器包装については、輸送認可証を押印し、添付し、又は交付するものとする（施行規則第一九条第三項）。

輸入の許可を受けた輸入禁止品については、許可条件に違反していない場合には、輸入認可証を押印し、添付し、又は交付する（施行規則第一九条第二項）。

（注）　輸入植物検疫規程は、法第八条の検査の合格基準を定め、①から③までの全てに該当する場合、②から④までの全てに該当する場合、①及び⑤に該当する場合、④及び⑤に該当する場合を合格とし、輸入を認めている（同規程第二条第一項）。

①　検疫有害動植物がない場合
②　法第七条第一項の輸入禁止品でない場合
③　法第六条第一項及び第二項の規定に違反していない場合
④　法第四条第二項又は第九条第一項の規定による消毒（くん蒸、除去等の措置を含む。）を実施して検疫有害動植物が死滅し、又は除去されたものと確認される場合
⑤　法第九条第二項の規定による消毒を実施して検疫指定物品及びその容器包装が法第六条第二項の基準に適合していると確

認される場合

二　輸入禁止品に該当する場合

輸入禁止品については、原則として輸入が禁止されている。これは、当該植物、土等には、危険な検疫有害動植物が付着しているおそれが大きいにもかかわらず、その検出が難しく、また消毒方法も確立されていないこと等によるものであり、このような輸入禁止品が輸入された場合は、確実に廃棄しなければ、危険な検疫有害動植物の侵入を防止することができない。このため、このようなものについては、植物防疫官が廃棄することとされている（法第九条第三項本文）。

処分については、次に掲げる基準により行うこととされている（輸入植物検疫規程第三条第四項）。ただし、当該植物等又は容器包装を所有し、若しくは管理する者の申請があった場合において、監督及び取締上適当であると認めるときは、積戻しを許可することができる（輸入植物検疫規程第三条第五項）。

①　法第七条第一項第一号又は第三号に掲げる輸入禁止品が付着し、又は混入している場合であって、輸入植物検疫規程第二条第二項に該当しないときは、当該荷口の全部の焼却

②　輸入植物検疫規程第二条第二項の規定により法第七条第一項第一号又は第三号に掲げる輸入禁止品が除去された場合にあっては当該輸入禁止品の焼却

③　①及び②に掲げるものを除き、当該荷口の全部の焼却

植物防疫官の廃棄処分を拒み、妨げ、又は忌避したときは、一年以下の懲役又は五〇万円以下の罰金に処する（法第四一条第一項第三号）。

植物防疫官は、輸入禁止品及び容器包装を廃棄したときは、これを所有し、又は、管理する者（郵便物の場合にあってはその名宛人）に対してその旨を通知し、かつ、これらの者の要求があったときは、証明書を交付しなければならない（施行規則第二一条第一項）。また、廃棄するため当該郵便物を郵便局から受領したときは、当該郵便局に受領証を交付しなければならない（同条第二項）。

なお、輸入禁止品について第七条第一項ただし書の輸入の許可を受けた場合であっても、付された条件に違反して輸入されたものについては、農林水産大臣が当該許可を取り消し、又は当該輸入禁止品の廃棄その他の措置をとるべきことを命ずることができる（法第七条第六項）。

三　輸入検査で発見された輸入禁止品の取扱いの特例について

近年、植物検疫をめぐる情勢が複雑化する中で、最新の科学的知見を反映した植物検疫措置が求められていることから、植物検疫に関する専門的かつ高度な技術研究の重要性が高まっており、検疫有害動植物等の試験研究のためのサンプルの確保についても、研究機関等において重要な課題となっている。しかしながら、令和四年の法改正以前は、輸入検査において検疫有害動植物等の輸入禁止品が発見されたとしても、法の規定により廃棄が義務付けられているため、試験研究に活用することはできなかった。

このため、令和四年の法改正により、輸入植物等の検査において発見された輸入禁止品について、植物防疫所及び他の研究機関等が、植物検疫に関する技術向上を目的とした試験研究その他省令に定める特別の用に利用することができるよう、植物防疫官及び農林水産大臣の許可を受けている者に対しては、植物防疫官が発見した輸入禁止品の扱いについての特例に係る以下の規定が設けられた（法第九条第三項ただし書、第四項及び第六項）。

①　第七条第一項の規定に違反して輸入された輸入禁止品について、

ア　植物防疫官が試験研究の用その他農林水産省令で定める特別の用（試験研究等用途）に供する場合

イ　輸入禁止品を試験研究等用途に供することについて農林水産大臣の許可を受けた者に対し、当該輸入禁止品を当該許可に係る用に供させるために譲り渡す場合

には、植物防疫官が廃棄しないことができる。

②　第七条第一項の規定に違反して輸入禁止品を輸入した者は、当該輸入禁止品について①の許可を受けることができない（注）。

③　①の許可には、法第七条第一項ただし書の農林水産大臣の許可の手続規定を準用し、必要な読替えを行う。

（注）　基本的には、必要な検疫有害動植物についてあらかじめ包括的に輸入禁止品を試験研究等用途に供するための許可を受けた者に対して、輸入検査で発見された輸入禁止品を譲り渡すことを想定しているが、輸入禁止品が発見された場合に、これを試験研究等に用いようとする者が新たに許可を受けてこれを譲り受けるというニーズもあり得ることから、当該許可を受ける時点については限定していない。ただし、輸入検査等で法第七条第一項ただし書の許可を受けていない輸入禁止品が発見され、植物防疫官が没収した場合に、輸入した者自身が事後的に法第九条第三項第二号の許可を得て譲渡しを受けることを認めると、無許可での輸入禁止品の輸入を認めることとなり、かえって試験研究等への活用のための輸入や譲渡しの許可の趣旨を損なう可能性がある。このため、輸入禁止品を試験研究等に利用することについての許可は、当該輸入禁止品を無許可で輸入した者には与えないこととしている（法第九条第四項）。

四　輸入の制限等の違反の場合

輸入の制限については、主として植物検疫上の必要性から行われるものである。しかしながら、輸入の制限に関する規定に違反して輸入された植物、検疫指定物品及びこれらの容器包装をそのまま放置しておくのでは、輸入植物検疫の価値を減殺することになる。

このため、次の①から⑧までに該当する植物、検疫指定物品及びこれらの容器包装については、植物防疫官が、自ら消毒又は廃棄するか、これを所持している者に対して植物防疫官の立会いの下にこれを消毒又は廃棄すべきことを命ずることができることとした（注）（法第九条第二項）。

①　輸出国の政府機関により発行された検査証明書又はその写しが添付されないで輸入されたもの（法第六条第一項）

②　省令で定める地域から発送された植物又は検疫指定物品で、省令で定める基準に適合していることについてその輸出国で検査を行う必要があるものとして農林水産省令で定めるものについては、輸出国の政府機関によりその検査の結果当該基準に適合していることを確かめ、又は信ずる旨を記載した検査証明書又はその写しが添付されないで輸入された

もの（法第六条第二項）
③　省令で定める港及び飛行場以外の場所で輸入されたもの（郵便物として輸入されたものを除く。）（法第六条第三項）
④　小形包装物及び小包郵便物以外の郵便物又は信書便物として輸入されたもの（法第六条第四項）
⑤　小形包装物及び小包郵便物以外の郵便物又は信書便物として受け取り、植物防疫所に届け出なかったもの（法第六条第五項）
⑥　輸入後遅滞なく植物防疫所に届け出て、原状のままで、輸入検査を受ける処置がなされなかったもの（法第八条第一項）
⑦　輸入検査を受けていない小形包装物又は小包郵便物であって、植物防疫所に遅滞なく、届け出て検査を受ける処置がなされなかったもの（法第八条第六項）
⑧　隔離栽培の命令の違反があった場合において、その違反に係るもの（法第八条第七項）

処分については、次に掲げる基準により行うこととされている（輸入植物検疫規程第三条第三項）。ただし、当該植物等又は容器包装を所有し、又は管理する者の申請があった場合において、監督及び取締上適当であると認めるときは、積戻しを許可することができる（輸入植物検疫規程第三条第五項）。

①　法第六条第二項の規定に違反して輸入された検疫指定物品（法第六条第一項及び第二項の検査証明書又はその写しに必要な事項が記載されているものの、同条第二項の基準に適合していないと認められる場合に限る。）にあっては、当該荷口の全部又は一部の消毒又は焼却
②　①に掲げるものを除き、当該荷口の全部の焼却

このような場合、植物防疫官は、事案により、自ら消毒又は廃棄するか、その所持者に消毒又は廃棄させることができる。所持する者に命ずることとしたのは、本来消毒・廃棄処分の権限は、原則として所有者にあるが、当該処分を迅速確実に実施させるためである。「所持」とは、物が社会観念上その人の事実的支配に属すると認められる客観的関係に存することである。

消毒・廃棄命令に違反し、又は植物防疫官の消毒・廃棄処分を拒み、妨げ、若しくは忌避した者は、一年以下の懲役又は五〇万円以下の罰金に処する（法第四一条第一項第三号）。

消毒・廃棄処分を行う場所は、原則として、当該植物、検疫指定物品及びこれらの容器包装を検査した場所又は植物防疫所である（施行規則第一三条）。植物防疫官は、当該植物、検疫指定物品及びこれらの容器包装を廃棄したとき又は消毒したため著しくき損したときは、所有者等に通知するとともに、所有者等の要求があったときは、証明書を交付しなければならない（施行規則第二一条第一項）。消毒・廃棄のために郵便物を郵便局から受領したときは、郵便局に受領書を交付しなければならない（同条第二項）。

（注）　令和四年の法改正において、土や植物残渣を除去すれば検疫有害動植物をまん延させるおそれがなくなる農機具等を念頭に、輸入植物検疫の対象に検疫指定物品を追加したのに伴い、法第九条第二項の措置の内容としても消毒が追加された。

五　検疫有害動植物があった場合

法第八条の規定により、輸入検査（隔離栽培の場合の検査を含む。）を行った結果、検疫有害動植物があった場合は、植物防疫官は、その植物、検疫指定物品及びこれらの容器包装を自ら消毒し、あるいは廃棄するか、これを所有し、又は管理する者に命じて、植物防疫官立会いの下に消毒し、あるいは廃棄させなければならない（法第九条第一項）。

この消毒又は廃棄処分の命令は、当該物件の所有者又は管理者に対して発するが、この所有者又は管理者は必ずしも法第八条の「輸入した者」とは限らない。廃棄、消毒措置を行い得るのは、原則として所有者であり、それに伴う損失も所有者の負担することを適当としたためであろう。

検査申請書には、申請者のほかに、荷受人の住所、氏名を記載させることになっている。この荷受人は、多くの場合所有者であろうが、そうでない場合も管理者であろう。ただ、物によっては、輸入後転々と所有者を変えるものもあろう。しかし、消毒処分等の命令を受けた段階で、その者が所有者又は管理者であれば十分であろう。命令は、文書でも口頭でもよい。ただし、当該義務者の要求があったときは、廃棄又は消毒命令書を交付しなければならない（施行規則第二二条）。実際の取扱いとしてもこの命令書を交付して行うことが望ましい。

消毒命令は、所有者又は管理者に発せられるが、実際において、消毒の技術も施設も持ち合わせていない場合が多い。このような場合、消毒の責任は、当該義務者にあるが、消毒処分自体を自らやらなければならないわけではない。人に依頼してやらせてもよいわけである。要するに、当該義務者が当該消毒処分について責任を持ち、植物防疫官の命令どおり行えばよいわけである。消毒等の処分は、植物防疫官立会いの下に行わなければならない（廃棄、消毒等処分の基準及び消毒方法の基準については、輸入植物検疫規程第三条第一項及び第四条を参照）。

また、植物防疫官は、当該植物、検疫指定物品及びこれらの容器包装を所有し、又は管理する者の申請があった場合において、監督及び取締上適当であると認めるときは、例外的に積戻しを許可し、又は缶詰若しくは瓶詰等の材料として使用することを許可することができる（輸入植物検疫規程第三条第五項及び第六項）。この例外は、検疫有害動植物の侵入、まん延の危険がほとんどなく、また処分に伴う損失が大きい等の問題があるため認められたものである。消毒若しくは廃棄命令に違反し、又は植物防疫官の行う処分を拒み、妨げ、若しくは忌避した者は、一年以下の懲役又は五〇万円以下の罰金に処する（法第四一条第一項第三号）。

消毒・廃棄処分を行う場所は、原則として、当該植物、検疫指定物品及びこれらの容器包装を検査した場所又は植物防疫所である（施行規則第一三条）。植物防疫官は、植物、検疫指定物品又は輸入禁止品及びこれらの容器包装を廃棄したとき又は消毒したため著しくき損したときは、これを所有し、又は管理する者（郵便物にあってはその名宛人）に対してその旨を通知し、かつ、これらの者の要求があったときは、証明書を交付しなければならない（施行規則第一一条第一項）。郵便局から消毒・廃棄のため郵便物を受領したときは、受領書を交付しなければならない（同条第二項）。

なお、国際植物防疫条約は、「輸入締約国は、植物検疫証明書が遵守されなかった主要な事例を、関係輸出締約国又は適当な場合には関係再輸出締約国にできる限り速やかに通報する」ことを要求している（同条約第七条2(f)）。

（輸出植物等の検査）

第十条　輸入国がその輸入につき、植物検疫に係る輸出国の検査証明を必要としている植物又は物品及びこれらの容器包装を輸出しようとする者は、当該植物又は物品及びこれらの容器包装につき、植物防疫官から、これらが当該輸入国の要求の全てに適合していることについての検査を受け、かつ、第三項の植物検疫証明書の交付を受けた後でなければ、これらを輸出してはならない。

2　前項の規定による検査は、植物防疫所で行う。ただし、植物防疫官が必要と認めるときは、当該植物又は物品の所在地において行うことができる。

3　植物防疫官は、第一項の規定による検査の結果、その植物又は物品及びこれらの容器包装が当該輸入国の要求の全てに適合していると認めるときは、植物検疫証明書を交付しなければならない。

4　植物防疫官は、輸入国の要求に応ずるため、必要があると認めるときは、前項の植物検疫証明書の交付を受けた物について更に検査をすることができる。

5　第一項及び前項の規定にかかわらず、植物防疫官は、登録検査機関が、第十条の四第一項の規定による登録に係る検査において輸入国の要求に適合している旨の確認をした植物又は物品及びこれらの容器包装については、農林水産省令で定めるところにより、第一項又は前項の規定による検査の一部を行わないことができる。

6　植物防疫官は、本邦から出国する者に対して、その携帯品（第一項の規定による検査を受けた物を除く。）のうちに同項に規定する物が含まれているかどうかを判断するため、必要な質問を行うとともに、必要な限度において、当該携帯品の検査を行うことができる。

【趣旨・解説】

一　輸出植物等の検査

輸入国がその輸入につき植物検疫に係る輸出国の検査証明を必要としている植物又は物品及びこれらの容器包装を輸出しようとする者は、当該植物又は物品及びこれらの容器包装につき、植物防疫官から、これらが当該輸入国の要求に適合していることについての検査を受け、かつ、植物検疫証明書の交付を受けた後でなければ、これらを輸出してはならない（法第一〇条第一項）。

輸出国の検査証明とは、我が国の政府機関による証明であり、検査の内容は、当該輸入国の要求していることに適合しているかどうかである。つまり、輸出植物等の検査は、外国の法規上の要求に適合しているかどうかについてである。

法第一〇条第一項の検査は、輸入国の要求に応じて、次に掲げる検査その他の検査のうち必要なものを行い、これらの検査の結果、当該輸入国の要求の全てに適合しているかどうかを確認することにより行う（輸出植物検疫規程（昭和二五年農林省告示第二三一号）第一条）。

① 植物の栽培地における検査（注1）（以下「栽培地検査」という。）
② 消毒に関する検査（以下「消毒検査」という。）
③ 遺伝子の検査その他の高度の技術を要する検査（以下「精密検査」という。）
④ 植物又は物品及びこれらの容器包装の目視による検査（以下「目視検査」という。）

なお、植物防疫所は、輸入国が検査を要求している植物の種類及び輸入を禁止している植物等の種類並びに輸入国が検査その他に関し要求している事項（注2）のうち主なものについて、インターネットの利用その他適切な方法により周知するように努めるものとされている（輸出植物検疫規程第八条）。

輸入国の要求に適合しているかどうかは、輸出の段階において判断すべきものである。

ただ、検査後輸入国の要求が変わった場合などに、そのまま輸出したのでは、輸出検査の意味がなくなる場合があるので、植物防疫官は、輸入国の要求に応ずるため、必要があると認めるときは、一度検査を受けて植物検疫証明書の交付を受けたものであっても、更に検査することができることとされた（法第一〇条第四項）。

ここでいう「輸出」とは、植物又は物品及びこれらの容器包装を本邦以外の外国に向けて送り出すことである。（注3）すなわち、外国に仕向けられた船舶又は航空機に積み込むことをいう。外国に現実に輸入されたか否かは、問うところでない。

関税法第六七条においては、貨物を輸出しようとする者は、税関での検査を経て、輸出許可を受けなければならないとされている。同法第七〇条第二項において、他の法令の規定により輸出に関して検査を必要とする貨物については、税関での検査時に、検査の完了を税関に証明し、その確認を受けなければならないとされていることから、法第一〇条第一項の検査及び植物検疫証明書の交付は、税関での検査の前に受ける必要がある。

法第一〇条第一項の検査を受けないで輸出し、又は検査を受けるに当たって不正行為をした者は、三年以下の懲役又は三〇〇万円以下の罰金（法人の場合は五、〇〇〇万円以下の罰金）に処する（法第三九条第五号及び第四三条第一号）。また、法第一〇条第四項の規定による再検査を拒み、妨げ又は忌避したときは、三〇万円以下の罰金に処する（法第四二条第五号）。

（注1）令和四年の法改正前は、輸入国がその輸入につき栽培地検査を要求している植物その他農林水産省令で定める植物については、あらかじめその栽培地で植物防疫官の検査を受け、その検査に合格した後でなければ、第一項の検査を受けることができないこととされていた（令和四年の法改正前の法第一〇条第三項）。これは、植物の種類によっては、その生育中の検査もあわせて行って初めてウイルス等の有害動植物の判別が十分明らかになるものがあることから、輸入国が栽培地検査を要求している植物については、栽培地検査を受けることを義務付けたものであった。これに加え、国策として輸出量が多いもので、栽培地検査もあわせて行ったほうが有害動植物の検出に都合が良く、かつ、輸出植物の信用を維持向上し得る上で必要なものについても栽培地検査を受けることを義務付けたものであった。

しかしながら、輸入国の要求事項が多岐にわたってきているところ、これらの要求事項に応じた検査を輸出の要件化できるよう、規定を拡充する必要がある反面、

① 現行規定どおり個別の検査事項を法律に規定することとすると、新たな検査事項が出てくる度に法改正が必要となり、

機動的な対応が困難となること、

② 現行規定では、輸入国が要求していないのにもかかわらず、国策として栽培地検査を要件化できることとなっているが、様々な検査手法が確立されてきている中で、栽培地検査のみを特に法定する根拠に乏しいことから、令和四年の法改正において、栽培地検査の規定が削られ、栽培地検査は法第一〇条第一項の検査に包含されることとなった。

（注２）国際植物防疫条約においては、締約国は、植物検疫に関する要件、制限及び禁止について採用した後直ちに、これを公表し、及び当該措置によって直接影響を受けると信ずる他の締約国に通報すること、締約国は、要請に応じて、植物検疫に関する要件、制限及び禁止の必要性を他の締約国に提供することを要求している（同条約第七条２(b)及び(c)）。また、輸入締約国は、植物検疫証明書が遵守されなかった主要な事例を、関係輸出締約国又は適当な場合には関係再輸出締約国にできる限り速やかに通報するべきこととしている（同条約第七条２(f)）。

（注３）例えば遠洋漁業船に積載する植物等は、検疫の対象とはならない。

二　登録検査機関

(一)　登録検査機関による輸出植物等の検査の一部実施

令和四年の法改正により、登録検査機関が、法第一〇条の四第一項の規定による登録に係る検査において輸入国の要求に適合している旨の確認をした植物又は物品及びこれらの容器包装については、省令で定めるところにより、法第一〇条第一項又は第四項の検査の一部を行わないことができることとされた（法第一〇条第五項）。

これを受け、施行規則第二九条において、法第一〇条第一項の検査を申請した者が当該申請に当たり、登録検査機関が行った検査において輸入国の要求に適合している旨の確認をした旨を当該登録検査機関が記載した書類（検査報告書）を添付して提出した場合は、植物防疫官は、法第一〇条第五項の規定により、法第一〇条第一項又は第四項の検査の一部を行わないことができる旨規定されている。

法第一〇条の四第一項の規定による登録に係る検査とは、法第一〇条の二において定められている、栽培地検査、消毒検査、精密検査、目視検査、その他農林水産省令で定める検査（令和五年四月現在、省令は定められていない。）のうち法第一〇条の四第一項の規定による登録を受けたものを指す。

登録検査機関は、登録に係る検査の結果、輸入国の要求に適合すると認めるときは、その旨を証する書類（検査報告書）を交付する（輸出植物検疫規程第七条により準用する第六条第一項）。

登録検査機関の検査報告書の様式については、登録検査機関の業務規程において定めることとされている（登録検査機関の登録等実施要領（令和五年二月二〇日付け四消安第五九一〇号消費・安全局長通知）別表四）。

㈡　登録検査機関制度の導入の趣旨・背景

令和四年の法改正前は、植物防疫官のみが輸出植物の検査を行っていたが、政府として農林水産物の輸出促進に取り組む中で、輸出植物の検査業務が急増しており、今後も増加が見込まれる状況にあった。このような中、

①　輸出植物の検査件数の増加により、申請者の希望どおりの日程で、植物の栽培地に赴いて行う栽培地検査や所在地に赴いて行う目視検査等の実施が難しくなっていること

②　技術革新等により、新たな植物検査手法が確立されてきているところ、輸入国の要求事項が、栽培地のモニタリング、栽培地検査、消毒の確認、精密検査等、多岐にわたってきている中、植物防疫所の人的資源では全ての要望に迅速に対応することが難しくなっていること（注1）

という課題が存在した。一方で、

①　国際植物防疫条約及び同条約に基づくＩＳＰＭでは、輸出される植物等に対する植物検疫証明書の発給は、技術上の資格を有し、かつ、公的植物防疫機関によって正当に委任された官憲（我が国においては植物防疫官）が、その機関を代表して行うこととされているが、発給のための検査その他これに関連する活動については、公的植物防疫機関により、又はその権限の下において行うこととされており（国際植物防疫条約第五条２(a)）、政府職員以外の者が行うことが許容されて

いること（注2）

② 公的植物防疫機関が責任を持って植物検疫証明書の発給を行うためには、輸入国の要求の全てに適合しているかどうかの最終的な検査及び合否の判断は植物防疫官が行う必要があるが、一連の検査の過程のうち、最終的な検査の前段階に行われる、栽培地検査、種子等の精密検査、所在地での目視検査等の個々の検査については、植物防疫官に代わって検査を行うのに十分な能力を有する民間の事業者や試験研究機関等も存在したこと

から、輸出植物の検査に迅速に対応し、輸出促進に資する取組を継続するため、輸入国の個々の要求事項に対する検査については、検査を行うのに十分な能力を有する民間の事業者等が行った検査結果を活用することができるようにし、輸出者の検査ニーズに対応できる検査体制を整備するため、登録検査機関に係る制度が新設された。（注3、4）

（注1） 特に、種子伝染するウイルスや菌、植物等に関する新たな知見の蓄積を背景に、輸入国が、種子等の植物の輸入につき、当該種子等がウイルス等に罹患していないことを確認するため、ＰＣＲ法等を用いた精密検査の実施を要求するケースが増えてきていたが、種子等の精密検査については、一回の検査で処理できる数量に限りがある上、検査そのものに時間を要していた。

（注2） 米国、豪州、ニュージーランド等では、一定の要件（ＩＳＯ規格や米国国家規格等）を満たした第三者機関が輸出植物の検査関連業務を行っている。

（注3） 登録制をとることについて

輸出植物の検査については、令和四年の法改正前の法第一〇条第一項において、「輸入国がその輸入につき輸出国の検査証明を必要としている植物及びその容器包装を輸出しようとする者は、当該植物及び容器包装につき、植物防疫官から、それが当該輸入国の要求に適合していることについての検査を受け、これに合格した後でなければ、これを輸出してはならない。」として規定されていたとおり、植物を輸出しようとする者の義務履行の一環として行われるものである。したがって、国（植物防疫官）に代わって、輸出植物等の検査の一部を行うことができることとなる民間の事業者等は、行政事務の代行

的な位置付けに当たると考えられた。

このように、これまで国が行ってきた業務を民間の事業者等が行うことができることとする場合、そのスキームとしては、その業務を実施するに当たって必要な能力等について一定の基準を満たす者を国が「指定」し、指定された者が、国の一定の業務を実施する、いわゆる「指定制」のスキームが考えられる。

こうした指定制については、国が指定した者が、国が行う一定の業務の全てを代行する場合を想定したものが多く、一般社団法人や一般財団法人等の限られた者が国の指定を受けることが一般的である。また、指定制は、法律の条文において、「〜に適合すると認めるときでなければ、その指定をしてはならない」と規定されるなど、指定を行う者（国）の裁量が大きいと一般的に考えられる。

他方で、「国からの指定等に基づき特定の事務・事業を実施する法人に係る規制の新設審査及び国の関与等の透明化・合理化のための基準」（平成一八年八月一五日閣議決定）においては、国以外の特定の法人に法令等で定められた国の事務・事業を実施させる仕組みを新設する際は、原則として登録制によることとされている。

登録制については、「一定の法律事実又は法律関係を行政庁等に備える特定の帳簿に記載すること」とされ（法令用語辞典（第一〇版））、法律の具体の条文においては、「〜の全てに適合しているときは、その登録をしなければならない」と規定されるなど、登録を行う者（国）の裁量がないことが一般的である。

以上のような指定制と登録制の違いを踏まえ、

① 輸出植物等の検査は、植物防疫官による植物検疫証明書の発給の前提となる一連の検査において、対象となる植物等が輸入国の要求している基準に適合しているかどうかについての検査の一部を行うにとどまり、最終的な検査の合格又は不合格の判断は引き続き植物防疫官の責任においてなされること

② 今般の改正の趣旨を鑑みれば、大学や研究機関を始めとした検査に関する一定の知識や技能を有する多様な主体が制度に参入することが好ましいことから、主体を一般社団法人や一般財団法人に限定する特段の理由はないこと

③　輸出植物等の検査を行うのに必要な知識や技能を有すること等の法律に規定する要件を満たしている者であれば検査業務を行うことを認めるべきものであり、資格の付与に当たって国の裁量が必要ないこと

④　輸出植物等の検査を行うのに必要な知識や技術を有すること等の法律に規定する要件を満たしている者を国が裁量の余地なく登録するスキームは、多様な検査の主体の参入を促し、迅速かつ的確な輸出植物等の検査を実施するという改正の趣旨に即したものであること

から、民間の事業者等が輸出植物等の検査の一部を行うことができる今般の制度は、指定制ではなく登録制とすることとされた。

なお、民間の事業者等が検査した場合に、植物防疫官が行う検査の一部を省略することができる仕組みとしては、当該事業者等の検査能力を認定するという仕組みも考えられるところ、認定制は、事業者等による私的事業の内容を公的機関によって確認されたものとして権威付けるという側面が強く、あくまで「民」の事業として行われるものとの位置付けを前提とするものと考えられる。輸出植物等の検査については、事業者等の行った検査を植物防疫官の行うべき検査の代替として扱うことで行政事務の代行の性格を強く帯びることになるため、認定制よりも上記のとおり登録制をとることが適当である。

（注４）　輸出植物等の検査の外部化に当たって、委託という手段を取らない理由

植物防疫官以外の者が輸出植物等の検査の一部を行えるようにするための手段としては、農林水産大臣（植物防疫官）が第三者に輸出植物等の検査の実施に関する業務の一部を委託することも考えられる。

一方、令和四年の法改正の趣旨は、輸出植物等の検査の件数が増加し、かつ、輸入国の要求が多様化する中において、植物防疫官が輸出検疫業務に迅速に取り組むことができなくなってきている状況を改善し、輸出促進に資することにある。輸出をしようとする者が輸出植物等の検査を申請する度に、植物防疫官が申請内容を確認し、要求されている検査の内容や業務の状況を勘案して必要と認める場合に第三者に検査の一部を委託することとすると、その都度検査の実施前の確認や委託のための調整に時間を要し、迅速な輸出植物等の検査業務の実施に支障を来すこととなるため、かえって本改正の趣旨を損

なうこととなる。さらに、入札等の手続を経て契約した後に、委託先の業務パフォーマンスが著しく低い、又は輸入国の新たな要求事項に応えられない等の不適合が生じた場合、他の委託先を探す等柔軟な対応をとることが困難であり、輸出植物等の検査の履行に悪影響を及ぼす可能性がある。

また、輸出をしようとする者は、輸出先のニーズ等に応じて輸出までのスケジュールを組み立てるところ、輸出をしようとする者自身が、植物検疫証明書を得るための最善の道筋や手段を選択することができるようにすることが望ましい。

以上のことから、植物防疫官以外の者による輸出植物等の検査については、植物防疫所から委託を行う仕組みではなく、輸出をしようとする者が、植物防疫官の検査を受けるか、登録を受けた事業者の検査を受けるかを選択できる仕組みを設けることとされた。

三　輸出植物等の検査の流れ

(一)　申請

法第一〇条第一項に基づき、輸入国が植物検疫に係る輸出国の検査証明を必要としている植物又は物品及びこれらの容器包装を輸出しようとする者は、植物防疫官から、これらが当該輸入国の要求の全てに適合していることについての検査を受け、植物検疫証明書の交付を受ける必要があるが、この申請については、施行規則において、

① 法第一〇条第一項の検査を受けようとする者は、植物防疫官に検査申請書を提出しなければならない（施行規則第二三条）、

② 施行規則第二三条の規定による検査を申請した者が当該申請に当たり、登録検査機関が行った検査（登録に係る検査）において輸入国の要求に適合している旨の確認をした旨を当該登録検査機関が記載した書類（検査報告書）を施行規則第二三条の検査申請書に添付して提出した場合は、植物防疫官は、法第一〇条第五項の規定により、法第一〇条第一項又は第四項の検査の一部を行わないことができる（施行規則第二九条）

とされている。

法第一〇条第一項の検査は、輸入国の要求に応じて、栽培地検査、消毒検査、精密検査及び目視検査のうち必要なもの

について行い、これらの検査の結果、当該輸入国の要求の全てに適合しているかどうかを確認することにより行うこととされている（輸出植物検疫規程第一条）。また、登録に係る検査の区分は、法第一〇条の二において、栽培地検査、消毒検査、精密検査、目視検査、その他農林水産省令で定める検査（令和五年四月現在、省令は定められていない。）が定められており、これらの検査については、登録検査機関も行うことができる。

以上を踏まえ、輸出検査実施要領（令和五年二月二〇日付け四消安第五九〇四号消費・安全局長通知）において、栽培地検査、消毒検査、精密検査及び目視検査（以下「区分別検査」という。）を受けようとするときは、施行規則第二三条の検査申請書の提出に先立ち、植物防疫官又は登録検査機関に区分別検査申請書を提出してもらうこととしている[注1]（同要領第２）。

植物防疫官又は登録検査機関は、区分別検査の結果、輸入国の要求に適合すると認めるときは、その旨を証する書類（検査報告書）を交付する[注2]（同規程第六条第一項及び第七条、同要領第５）。この検査報告書の交付を受けたときは、施行規則第二三条の検査申請書に区分別検査の検査報告書を添付して、植物防疫官に法第一〇条第一項の検査の申請をしてもらうことで（施行規則第二九条、同要領第７）、法第一〇条第五項の規定により、法第一〇条第一項又は第四項の検査の一部を行わないことができることとしている。

（注１）　植物検疫証明書の交付の申請と同一の植物防疫所の植物防疫官に対して消毒検査又は精密検査の申請を行う場合は施行規則第二三条の検査申請書の備考欄に必要事項を転記することをもって、植物検疫証明書の交付の申請と同一の植物防疫所の植物防疫官に対して目視検査の申請を行う場合は施行規則第二三条の検査申請書の提出をもって、区分別検査申請書の提出に代えることができる。

（注２）　注１の場合であって、輸出入・港湾関連情報処理システム（ＮＡＣＣＳ）等により検査報告書に記載すべき事項の記録が行われているときには、検査報告書の交付を要しない（同要領第５）。

（二）　検査の場所

法第一〇条第一項の規定による検査は、原則として植物防疫所で行う。ただし、当該植物又は物品及びこれらの容器包装の所在地で検査を受けたい旨の申請があった場合において、植物防疫官が必要と認めるときは、当該所在地で行うことができる（法第一〇条第二項及び施行規則第二四条）。

㈢　検査

植物防疫官は、法第一〇条第一項の検査の申請者に対し、あらかじめ検査の期日を通知しなければならない（施行規則第二五条）。

検査申請者は、法第一〇条第一項の規定により検査を受けるときは、植物防疫官の指示に従って当該植物又は物品及びこれらの容器包装につき運搬、荷解き、荷造りその他の措置をしなければならない（施行規則第二六条）。

また、検査対象植物に腐敗しているものが混入しているときは、目視検査に先立って、その腐敗しているものを除去させねばならない（輸出植物検疫規程第二条）。これは、登録検査機関が目視検査を行う場合も同様である（同規程第七条）。

㈣　検査の方法及び検査を行う数量等

法第一〇条第一項の検査の方法については次のように定められている（輸出植物検疫規程第三条）。なお、細目については、同規程第三条第五項に基づき、輸出検査実施要領に規定されている。

①　栽培地検査は、栽培地、その周辺地域又はこれらの場所において、輸入国の指定する有害動物又は有害植物の有無等を確認する方法により行うものとする。

②　消毒検査は、輸入国が要求するくん蒸、熱処理、低温処理、薬剤処理等が実施されていることを確認する方法により行うものとする。

③　精密検査は、遺伝子診断法、抗血清検定法、ベールマン法等の方法により行うものとする。

④　目視検査は、当該植物又は物品及びこれらの容器包装について、数量、用途、形態、加工状態、有害動物又は有害植物の有無等を目視での確認その他適切な方法により行うものとする。

また、検査する数量等については、植物又は物品及びこれらの容器包装の種類に応じて、輸入国が要求する数量等について行うこととされているが、輸入国が要求する数量等がない場合は、次のとおり定められている（同規程第四条）。

①　栽培地検査　栽培地全域

②　消毒検査　薬剤の種類、温度、濃度、処理時間等の記録

③　精密検査　同規程別表第一の第一欄に掲げる検査の内容、第二欄に掲げる植物の種類及び第三欄に掲げる検査荷口の大きさに応じて、それぞれ同表の第四欄に掲げる数量

④　目視検査　同規程別表第二の上欄に掲げる植物の種類及び中欄に掲げる検査荷口の大きさに応じて、それぞれ同表の下欄に掲げる数量

四　輸出植物等の検査の結果行う措置

植物防疫官は、法第一〇条第一項の規定による検査の結果、その植物又は物品及びこれらの容器包装が当該輸入国の要求の全てに適合していると認めるときは、植物検疫証明書を交付しなければならない（注）（法第一〇条第三項）。

植物検疫証明書の様式は、施行規則において定められているが、輸入国が輸入に当たり、これと異なる様式の植物検疫証明書を必要としている場合には、その様式によるものとする。また、植物防疫官は、輸入国が輸入に当たり、植物検疫証明書の交付に加え、植物検疫証明書の交付を受けた植物又は物品及びこれらの容器包装への押印を必要としているときは、植物検疫証明書の交付を受けた植物又は物品及びこれらの容器包装に植物検疫証明書の交付をした旨の証印を押印する（施行規則第二七条）。

一度植物検疫証明書の交付を受けたものであっても輸入国の要求が変わった場合等輸入国の要求に応ずるため、必要なときは、植物検疫官は、再度検査することができるが（法第一〇条第四項）、この検査の結果、必要と認めるときは、植物検疫証明書の交付を取り消し、かつ、交付した植物検疫証明書の返還を命じるとともに、植物検疫証明書の交付を受けた植物又は物品及びこれらの容器包装に植物検疫証明書の交付をした旨の証印を押印した場合は当該押印を抹消しなければならない（施行規則第二八条）。

（注）　令和四年の法改正前は、当時の施行規則第三〇条において、「植物防疫官は、輸出検査の結果、当該植物及びその容器包装等を合格としたときは、当該植物又はその容器包装に合格証印を押印し、又は当該申請者に合格証明書を交付すること」とし、当時の輸出植物検疫規程第九条に検査合格の基準が規定されていた。

この点、令和四年の法改正において、「植物防疫官は、輸出検査の結果、その植物又は物品及びこれらの容器包装が当該輸入国の要求の全てに適合していると認めるときは、植物検疫証明書を交付しなければならない」（法第一〇条第三項）として、植物検疫証明書の交付が法律において規定されたことから、施行規則においては、当該植物検疫証明書の様式を定めることとされた（ただし、輸入国が輸入に当たり、これと異なる様式の植物検疫証明書を求めるときは、その様式によるものとされた。）（施行規則第二七条第一項）。あわせて、輸出植物検疫規程の関連規定についても削られている。

（登録検査機関の登録）

第十条の二　登録検査機関の登録（以下この章において単に「登録」という。）を受けようとする者は、農林水産省令で定めるところにより、次に掲げる検査の区分により、農林水産大臣に登録の申請をしなければならない。

一　植物の栽培地における検査
二　消毒に関する検査
三　遺伝子の検査その他の高度の技術を要する検査
四　植物又は物品及びこれらの容器包装の目視による検査
五　その他農林水産省令で定める検査

【趣旨】

法第一〇条第一項においては、輸入国がその輸入につき、植物検疫に係る輸出国の検査証明を必要としている植物等を輸出しようとする者は、当該植物等につき、植物防疫官から、それが当該輸入国の要求に全てに適合していることについての検査を受け、かつ、植物検疫証明書の交付を受けた後でなければ、当該植物等の輸出をすることができないとされている。このことから、法第一〇条第一項の検査は、輸出者の義務履行の一環として行われるものである。

こうした性格を有する輸出植物等の検査の業務について、令和四年の法改正により、国の登録を受けた登録検査機関が、植物防疫官に代わってその検査の一部を行うことができることとされたことから、登録検査機関が行う輸出植物等の検査業務は、行政代行的な性格を有する。

以上のことから、登録検査機関に関する基本的な事項は、それが客観的かつ明確なものとなるよう、法律において規定することとされた。

なお、具体的な規定については、条ごとに解説する。

【解説】

法第一〇条第一項の規定による輸出植物等の検査は、栽培地検査、種子等の精密検査、所在地での目視検査等多岐にわたっており、各検査の実施に当たり求められる能力も異なることから、登録検査機関の登録については、検査の区分ごとに登録を行うことが適切である。このため、登録検査機関の登録を受けようとする者は、農林水産省で定めるところにより、検査の区分により、農林水産大臣に登録の申請をしなければならないこととされた。

検査の区分は、以下のとおりとされた。なお、検査の区分に応じて登録検査機関の登録を行う他法の例として、農産物検査法（昭和二六年法律第一四四号）がある。

① 植物の栽培地における検査（栽培地検査）
② 消毒に関する検査（消毒検査）
③ 遺伝子の検査その他の高度の技術を要する検査（精密検査）
④ 植物又は物品及びこれらの容器包装の目視による検査（目視検査）
⑤ その他農林水産省令で定める検査

国による登録の対価として、登録の申請の際に手数料（登録手数料）を納付させることも考えられる。しかしながら、登録手数料は、登録を受けた者が国に代わり行政処分を行うことができるようになる等、国の登録により一定の権限が付与されることに伴う対価としての性質を有するものであると考えられる。この点、植物防疫法に基づき登録検査機関が行う輸出植物等の検査は、あくまで植物防疫官による植物検疫証明書の交付の前提となる事実行為と解されることから、国の登録の対価としての手数料を納付させることは適切ではないと考えられる。このため、登録手数料に関する規定については、措置しないこととされた。

なお、登録検査機関の登録は、登録免許税法（昭和四二年法律第三五号）に規定する登録免許税の対象となり、一件（一検査区分当たり九万円の登録免許税が課される（登録免許税法別表第一の八五の二）。登録の申請に当たっては、登録免許税の納付に係る領収証書を提出する必要がある（施行規則第三〇条第二項第四号）。

（参考）**施行規則関係規定**

（登録検査機関の登録）

第三十条　法第十条の二の登録の申請は、申請書（第十四号様式）を農林水産大臣に提出してしなければならない。

2　前項の申請書には、次に掲げる書類を添付しなければならない。

一　定款（申請者が法人である場合に限る。）及び登記事項証明書

二　申請の日の属する事業年度の前事業年度における財産目録及び貸借対照表。ただし、申請の日の属する事業年度に設立された法人にあつては、その設立時における財産目録

三　申請の日の属する事業年度及び翌事業年度における事業計画書及び予算書

四　登録免許税の納付に係る領収証書

五　次の事項を記載した書類

イ　検査の業務（以下「検査業務」という。）の概要及び当該検査業務を行う組織に関する事項

ロ　イに掲げるもののほか、検査業務の実施方法に関する事項

ハ　検査業務以外の業務を行つている場合は、当該業務の概要及び全体の組織に関する事項

六　前項の申請を行つた者が法第十条の四第一項各号の規定に適合することを説明した書類

七　その他参考となる事項を記載した書類

3　第一項の申請書の提出は、植物防疫所を経由して行うものとする。

（欠格条項）

第十条の三　次の各号のいずれかに該当する者は、登録を受けることができない。

一　この法律又はこの法律に基づく処分に違反し、罰金以上の刑に処せられ、その執行を終わり、又はその執行を受けることがなくなつた日から二年を経過しない者

二　第十条の十五第一項から第三項までの規定により登録を取り消され、その取消しの日から二年を経過しない者（当該登録を取り消された者が法人である場合においては、その取消しの日前三十日以内にその取消しに係る法人の業務を行う役員であつた者でその取消しの日から二年を経過しないものを含む。）

三　法人であつて、その業務を行う役員のうちに前二号のいずれかに該当する者があるもの

【趣旨・解説】

登録検査機関は、植物防疫官（国）に代わって輸出検査の一部を行うものであることから、強くその公正性が要求されるものである。このため、欠格条項について規定し、登録検査機関として不適格である者が国の登録を受けることができないこととされている。

（登録の基準）

第十条の四　農林水産大臣は、第十条の二の規定により登録を申請した者が次に掲げる要件の全てに適合しているときは、その登録をしなければならない。この場合において、登録に関して必要な手続は、農林水産省令で定める。

一　登録に係る検査（以下この章（第十一条第一項を除く。）において単に「検査」という。）を適確に行うために必要な知識及び技能を有する者として農林水産省令で定めるものが検査を行うこと。

二　農林水産省令で定める技術上の基準に適合している機械器具その他の設備を用いて検査を行うものであること。

三　検査の業務（以下「検査業務」という。）の公正な実施を確保するために必要なものとして農林水産省令で定める基準に適合する体制が整備されていること。

2　登録は、次に掲げる事項を登録台帳に記帳して行う。

一　登録年月日及び登録番号

二　登録検査機関の氏名又は名称及び住所並びに法人にあつては、その代表者の氏名

三　登録検査機関が行う検査の区分

四　登録検査機関の主たる事務所の所在地

五　前各号に掲げるもののほか、農林水産省令で定める事項

3　農林水産大臣は、登録をしたときは、遅滞なく、前項各号に掲げる事項を公示しなければならない。

【趣旨・解説】

一　登録の要件

登録制度は、一定の要件に適合する者であれば、行政の裁量の余地なく登録されるものであることから、これを外形的に

明らかにするため、「次に掲げる要件の全てに適合していると認めるときは、その登録をしなければならない」（法第一〇条の四第一項）とされている。各要件については、客観的かつ明確な要件として、検査を行うために必要な知識や技能、検査を行う設備や実施体制に関する要件が規定されている。経理的基礎要件については、本法では別途財務諸表の備付け及び閲覧等の規定を置いていることから、登録の要件としては規定しないこととされた。

登録検査機関として検査の業務を行う主体としては、民間の事業者や試験研究機関、農協のほか、地方公共団体も想定されている。

なお、法第一〇条の四第一項第三号（法第一〇条の五第二項及び第一〇条の六第三項において準用する場合を含む。）の検査業務の公正な実施を確保するために必要な体制の基準については、植物検疫措置に関する国際基準（国家植物防疫機関が植物検疫活動を実施主体に権限付与する場合の要件（ＩＳＰＭ四五））を参考に、施行規則三一条の四において「登録検査機関において、検査業務の独立性及び公平性を評価し、検査業務に係る潜在的な利害関係を特定した上で、それらに対処する適切な体制が整備されていること」と定められており、その細目は、登録検査機関の登録等実施要領別表三において定められている。

二　登録の実施

登録とは、「一定の法律事実又は法律関係を行政庁等に備える特定の帳簿に記載すること」（法令用語辞典（第一〇版））であり、帳簿に記載する行為、すなわち、登録行為について規定する必要がある。このため、必要事項を登録台帳に記帳することにより、登録を行うこととし（法第一〇条の四第二項）、登録をしたときは、遅滞なく、その旨を公示することとされた（法第一〇条の四第三項）。

（参考）**施行規則関係規定**

（登録に関して必要な手続）

第三十一条　法第十条の四第一項（法第十条の五第二項及び第十条の六第三項において準用する場合を含む。）の登録は、登録台帳（第十五号様式）に記帳して行う。

2　農林水産大臣は、登録台帳の登録事項の記載を変更した場合は、遅滞なく、その旨を公示するものとする。

（検査員）

第三十一条の二　法第十条の四第一項第一号（法第十条の五第二項及び第十条の六第三項において準用する場合を含む。）の農林水産省令で定める者は、法第十条の二各号に掲げる検査ごとに次の各号のいずれかに該当する者とする。

一　当該検査業務に一年以上従事した経験を有する者

二　前号に掲げる者と同等の知識及び技能を有する者

（検査に係る機械器具その他の設備の技術上の基準）

第三十一条の三　法第十条の四第一項第二号（法第十条の五第二項及び第十条の六第三項において準用する場合を含む。）の農林水産省令で定める技術上の基準は、次の各号に掲げる検査の区分ごとに当該各号に掲げるとおりとする。

一　植物の栽培地における検査　別表二の三に掲げる機械器具その他の設備を有すること。

二　消毒に関する検査　別表二の四に掲げる機械器具その他の設備を有すること。

三　遺伝子の検査その他の高度の技術を要する検査　別表二の五の中欄に掲げる検査の内容に応じ、同表の下欄に掲げる機械器具その他の設備を有すること。

四　植物又は物品及びこれらの容器包装の目視による検査　別表二の六に掲げる機械器具その他の設備を有すること。

（検査業務の公正な実施を確保するために必要な体制の基準）

第三十一条の四　法第十条の四第一項第三号（法第十条の五第二項及び第十条の六第三項において準用する場合を含む。）の農林水産省令で定める基準は、登録検査機関において、検査業務の独立性及び公平性を評価し、検査業務に係る潜在的な利害関係を特定した上で、それらに対処する適切な体制が整備されていることとする。

（登録台帳の記載事項）

第三十一条の五　法第十条の四第二項第五号（法第十条の五第二項及び第十条の六第三項において準用する場合を含む。）の農林水産省令で定める事項は、次に掲げるものとする。

一　検査業務の概要

二　登録検査機関が検査を行う区域

三　登録検査機関の全ての事務所（検査を行うものに限る。）の名称及び所在地の一覧

（登録の更新）

第十条の五　登録は、三年を下らない政令で定める期間ごとにその更新を受けなければ、その期間の経過によつて、その効力を失う。

2　前三条の規定は、前項の登録の更新について準用する。

3　農林水産大臣は、第一項の規定により登録が効力を失つたときは、遅滞なく、その旨を公示しなければならない。

【趣旨・解説】

登録検査機関は、国による登録を一度受けた後も、引き続きその業務の適正性を確保する必要がある。このため、一定期間ごとに登録の更新を義務付けることで、要件への適合を定期的に確認することとしている。「三年を下らない政令で定める期間」は、植物防疫法施行令（昭和五一年政令第一四六号。以下「施行令」という。）において、四年とされており（同令第一条）、登録検査機関は、四年ごとの登録の更新が必要である。

登録の更新の申請、欠格条項及び要件は、新規の登録の場合と同様である（法第一〇条の五第二項）。しかし、登録の更新の申請に当たっては、登録の申請時から内容に変更のない事項について再度書類を提出させる必要はないこと、また、登録の更新時には登録免許税の納付の必要はないこと（登録免許税法別表第一の八五の二）から、申請書の添付書類の一部の提出を不要としている（施行規則第三一条の六）。

また、更新を受けずに有効期間が経過し、登録が効力を失ったときは、農林水産大臣は、その旨を公示しなければならないこととされた（法第一〇条の五第三項）。

（参考）**施行規則関係規定**

（登録検査機関の登録）

第三十条　法第十条の二の登録の申請は、申請書（第十四号様式）を農林水産大臣に提出してしなければならない。

2　前項の申請書には、次に掲げる書類を添付しなければならない。

一　定款（申請者が法人である場合に限る。）及び登記事項証明書

二　申請の日の属する事業年度の前事業年度における財産目録及び貸借対照表。ただし、申請の日の属する事業年度に設立された法人にあつては、その設立時における財産目録

三　申請の日の属する事業年度及び翌事業年度における事業計画書及び予算書

四　登録免許税の納付に係る領収証書

五　次の事項を記載した書類

イ　検査の業務（以下「検査業務」という。）の概要及び当該検査業務を行う組織に関する事項

ロ　イに掲げるもののほか、検査業務の実施方法に関する事項

ハ　検査業務以外の業務を行つている場合は、当該業務の概要及び全体の組織に関する事項

六　前項の申請を行つた者が法第十条の四第一項各号の規定に適合することを説明した書類

七　その他参考となる事項を記載した書類

3　第一項の申請書の提出は、植物防疫所を経由して行うものとする。

（登録検査機関の登録の更新）

第三十一条の六　第三十条の規定は、法第十条の五第一項の登録の更新について準用する。この場合において、第三十条第二項中「書類」とあるのは、「書類（第四号に掲げる書類及び登録の申請時に農林水産大臣に提出されたものからその内容に変更がない書類を除く。）」と読み替えるものとする。

（変更登録）

第十条の六　登録検査機関は、第十条の四第二項第三号に掲げる事項を変更しようとするときは、変更登録を受けなければならない。

2　前項の変更登録（以下この条及び第十条の十五第二項第五号において単に「変更登録」という。）を受けようとする者は、農林水産省令で定めるところにより、農林水産大臣に変更登録の申請をしなければならない。

3　第十条の三及び第十条の四の規定は、変更登録について準用する。

【趣旨・解説】

登録は、検査の区分に応じて行われるが、例えば栽培地検査の区分で登録を受けて栽培地検査を行っている登録検査機関が、精密検査を行うのに必要な技能等を兼ね備えたことで、栽培地検査に加えて、精密検査についても行いたいと考える場合が想定される。このように、ある検査の区分について登録を受けた者が、それとは別の区分の検査の業務を行おうとする場合については、新たに行おうとする区分の検査について、登録を受ける必要がある。このため、登録検査機関が登録を受けた検査の区分を変更しようとするときは、変更登録を受けなければならないこととされた（注）（法第一〇条の六第一項）。この場合の欠格条項や登録の基準は、新規の登録の場合と同様である（同第三項）。

なお、新たな区分の検査について登録を受ける変更登録については、登録免許税が、登録を受けることにより生じる利益に着目して課税されるものであることに鑑み、登録免許税の課税対象となる。このため、検査区分の増加に係る変更登録一件（一検査区分）当たり九万円の登録免許税が課される（登録免許税法別表第一の八五の二）。変更登録の申請に当たっては、登録免許税の納付に係る領収証書を提出する必要がある一方、登録の申請又は更新時から内容に変更のない事項について再度書類を提出させる必要はないことから、内容に変更のない書類の添付は不要とされている（施行規則第三一条の七第二項）。

（注）　類似の登録機関制度を措置している他法においては、農産物検査法は変更登録について規定している一方、農林水産物及び食品の輸出の促進に関する法律（令和元年法律第五七号）や航空法（昭和二七年第二三一号）、日本農林規格等に関する法律（昭和二五年法律第一七五号）等では、変更登録について規定していない。輸出植物等の検査については、栽培地検査、種子等の精密検査、所在地での目視検査等、異なる区分の複数の検査が連続的に行われるものの、一連の検査はいずれも一件の植物検疫証明書の交付のために行われるものであり（共通の目的）、その検査の対象も植物等で共通している（共通の対象）。このため、これらの検査を行う技能等に着目して登録検査機関の登録を行うことにより、実態としても、ある登録検査機関が、複数の区分の検査を行うことも想定される。こうした登録検査機関について、検査の区分ごとに新規の登録を行うこととすれば、同一の主体が検査の区分ごとに別々の登録検査機関として登録されてしまい、ある登録検査機関が行うことができる検査内容について登録台帳上も一覧性がないなど、輸出者の側から見ても不都合が生じると考えられる（例えば植物検疫上の要件として、栽培地検査、消毒、所在地での目視検査による確認が要求されている植物について、輸出者がこれら全てを行える登録検査機関に検査を依頼しようとしたときに、見つけるのが困難となる。）。以上の輸出植物等の検査の実態を踏まえれば、登録検査機関の登録については、区分の異なる検査を新規の登録として整理するのではなく、同一の主体が区分の異なる検査を行うことを想定して、変更登録の規定が措置された。

（参考）**施行規則関係規定**

（登録検査機関の登録）

第三十条　法第十条の二の登録の申請は、申請書（第十四号様式）を農林水産大臣に提出してしなければならない。

2　前項の申請書には、次に掲げる書類を添付しなければならない。

一　定款（申請者が法人である場合に限る。）及び登記事項証明書

二　申請の日の属する事業年度の前事業年度における財産目録及び貸借対照表。ただし、申請の日の属する事業年度に設立された法

人にあつては、その設立時における財産目録
三　申請の日の属する事業年度及び翌事業年度における事業計画書及び予算書
四　登録免許税の納付に係る領収証書
五　次の事項を記載した書類
イ　検査の業務（以下「検査業務」という。）の概要及び当該検査業務を行う組織に関する事項
ロ　イに掲げるもののほか、検査業務の実施方法に関する事項
ハ　検査業務以外の業務を行つている場合は、当該業務の概要及び全体の組織に関する事項
六　前項の申請を行つた者が法第十条の四第一項各号の規定に適合することを説明した書類
七　その他参考となる事項を記載した書類
3　第一項の申請書の提出は、植物防疫所を経由して行うものとする。

（変更登録）
第三十一条の七　法第十条の六第二項の変更登録の申請は、申請書（第十六号様式）を農林水産大臣に提出してしなければならない。
2　前項の申請書には、第三十条第二項各号に掲げる書類（登録の申請又は更新時に農林水産大臣に提出されたものからその内容に変更がない書類を除く。）を添付しなければならない。
3　第一項の申請書の提出は、植物防疫所を経由して行うものとする。

（検査の義務）

第十条の七 登録検査機関は、検査を行うことを求められたときは、正当な理由がある場合を除き、遅滞なく、当該検査を行わなければならない。

2 登録検査機関は、公正に、かつ、農林水産省令で定める技術上の基準に適合する方法により検査を行わなければならない。

【趣旨・解説】

登録を受けた登録検査機関が正当な理由なく検査を拒否したり、遅らせたりすることにより、植物等を輸出しようとする者は、多大な影響を受けることが考えられる。このため、登録検査機関は、正当な理由がある場合を除き、遅滞なく、当該登録に係る検査を行わなければならないこととされるとともに、公正に、かつ、農林水産省令で定める技術上の基準に適合する方法により登録に係る検査に関する業務を行わなければならないこととされた。

登録検査機関は、法第一〇条の四第一項各号に定める要件に適合した状態で検査を行うことが求められる。このため、「農林水産省令で定める技術上の基準」については、施行規則第三一条の八において、

① 施行規則第三一条の四に掲げる体制（検査業務の独立性及び公平性を評価し、検査業務に係る潜在的な利害関係を特定した上で、それらに対処する適切な体制）の下、

② 施行規則第三一条の二各号のいずれかに該当する者（検査業務に一年以上従事した経験を有する者又はそれと同等の知識及び技能を有する者）が、

③ 施行規則第三一条の三各号に掲げる検査の区分ごとに当該各号に掲げる機械器具その他の設備を用いて

④ 農林水産大臣が定める方法により、輸入国の要求に適合しているかどうかを確認すること

とされた。なお、「農林水産大臣が定める方法」は、輸出植物検疫規程第三条で定められている検査の方法である。

（参考）**施行規則関係規定**

（登録検査機関の検査等に関する業務の方法に関する基準）

第三十一条の八　法第十条の七第二項の農林水産省令で定める基準は、第三十一条の四に掲げる体制の下、第三十一条の二各号のいずれかに該当する者が、第三十一条の三各号に掲げる検査の区分ごとに当該各号に掲げる機械器具その他の設備を用いて農林水産大臣が定める方法により、輸入国の要求に適合しているかどうかを確認することとする。

（登録事項の変更の届出）

第十条の八　登録検査機関は、第十条の四第二項第二号、第四号又は第五号に掲げる事項を変更しようとするときは、変更しようとする日の二週間前までに、農林水産大臣に届け出なければならない。

2　農林水産大臣は、前項の規定による届出があつたときは、遅滞なく、その旨を公示しなければならない。

【趣旨・解説】

登録検査機関の名称や事業所の所在地等の登録台帳に記載した基礎的な事項が、事前の届出等がないまま変更されれば、当該登録検査機関による検査を受けようとしていた者や、農林水産大臣による当該登録検査機関に対する監督にも影響が生じてしまうことが考えられる。このため、登録検査機関は、

①　登録検査機関の氏名又は名称及び住所並びに法人にあっては、その代表者の氏名（法第一〇条の四第二項第二号）

②　登録検査機関の主たる事務所の所在地（同第四号）

③　検査業務の概要（同第五号の農林水産省令で定める事項（施行規則第三一条の五第一号））

④　登録検査機関が検査を行う区域（同第五号の農林水産省令で定める事項（施行規則第三一条の五第二号））

⑤　登録検査機関の全ての事務所（検査を行うものに限る。）の名称及び所在地の一覧（同第五号の農林水産省令で定める事項（施行規則第三一条の五第三号））

を変更しようとするときは、変更しようとする日の二週間前までに、農林水産大臣に届け出なければならないこととし、農林水産大臣は、当該届出があったときは、遅滞なくその旨を公示しなければならないこととされた。

なお、法においては、登録検査機関が当該登録に係る事業の全部を譲渡した場合や合併等が行われた場合に、その事業の全部を譲り受けた者や合併等の後に存続する者に登録検査機関の地位を承継する規定が設けられていない。これは、登録検

査機関は、検査の区分に応じて、検査を的確に行うために必要な知識や技能等の要件を満たしている者を登録する仕組みとしていることから、登録検査機関として登録に係る検査の業務を行う者については、特にその同一性が重視されるためである。このため、登録検査機関が登録に係る事業の全部を譲渡した場合や合併等が行われた場合は、その事業の全部を譲り受けた者や合併等の後に存続する者が新たに登録を受ける必要がある。

（参考）**施行規則関係規定**

（登録事項の変更の届出）

第三十一条の九　法第十条の八の規定による届出をしようとするときは、届出書（第十七号様式）を農林水産大臣に提出してしなければならない。

2　前項の申請書の提出は、植物防疫所を経由して行うものとする。

（業務規程）

第十条の九　登録検査機関は、検査業務に関する規程（以下この章において「業務規程」という。）を定め、検査業務の開始前に、農林水産大臣の認可を受けなければならない。これを変更しようとするときも、同様とする。

2　業務規程には、検査の実施方法、検査に関する料金の算定方法その他の農林水産省令で定める事項を定めておかなければならない。

【趣旨・解説】

登録検査機関が、登録に係る検査の業務を円滑に行うためには、当該検査の業務に関する規程（業務規程）を定める必要がある。また、登録検査機関は、植物防疫官に代わって輸出植物等の検査を行うことから、当該業務規程については、事前に国の認可を受ける必要がある。このため、登録検査機関は、業務規程を定め、登録に係る検査に関する業務の開始前に、農林水産大臣の認可を受けなければならないこととされた（業務規程を変更する際も同様）。

また、業務規程には、登録に係る検査の実施方法、登録に係る検査に関する料金の算定方法その他の農林水産省令で定める事項[注]を定めておかなければならないこととされた（農林水産省令で定める事項については、施行規則第三一条の一一に規定）。

（注）　国の登録を受けた登録検査機関が検査の業務を行うに当たっては、登録検査機関が輸出を行おうとする者から検査の業務の対価としての手数料（検査手数料）を徴収することも想定される。この点、法では、輸出植物等の検査が、検疫の一種として一律に輸出しようとする者への義務として課されるものであることに鑑み、植物防疫官が行う輸出植物等の検査に係る検査手数料については規定していない。他方、登録検査機関制度は、植物防疫官による輸出植物等の検査の継続を前提とした上で、迅速な輸出植物等の検査の実施等の輸出しようとする者の利便性等の観点から導入されるものであり、登録検査機関がその検

査の業務の対価として手数料を徴収するかどうかは当該登録検査機関において判断されるものであること、また、輸出しようとする者は、登録検査機関による検査を受けることが義務的に課されるものではないことから、登録検査機関が行う検査に係る検査手数料についても法に規定されていない。しかし、輸出植物等の検査制度の適正性・透明性を確保する観点から、登録検査機関が不透明な料金設定を行い、輸出しようとする者から法外な検査手数料を請求すること等は避ける必要があるため、登録検査機関が検査手数料を徴収する場合には、業務規程において検査に関する料金の算定方法に関する事項を記載することとされている。

（参考）**施行規則関係規定**

（登録検査機関の業務規程の認可の申請）

第三十一条の十　登録検査機関は、法第十条の九第一項前段の規定により業務規程の認可を受けようとするときは、申請書（第十八号様式）を農林水産大臣に提出しなければならない。

2　登録検査機関は、法第十条の九第一項後段の規定により業務規程の変更の認可を受けようとするときは、申請書（第十九号様式）を農林水産大臣に提出しなければならない。

3　前二項の申請書の提出は、植物防疫所を経由して行うものとする。

（登録検査機関の業務規程の規定事項）

第三十一条の十一　法第十条の九第二項の農林水産省令で定める事項は、次に掲げるものとする。

一　検査業務の実施方法に関する事項

二　検査を実施する組織及び検査員その他人員に関する事項

三　検査業務に用いる機械器具その他の設備等に関する事項

四　検査業務を行う時間及び休日に関する事項

五　検査の申請を受けることができる件数の上限に関する事項
六　検査業務を行う場所に関する事項
七　検査に関する料金の算定方法及び収納の方法に関する事項
八　検査の申請書その他検査に関する書類の保存に関する事項
九　財務諸表等（法第十条の十一第一項に規定する財務諸表等をいう。以下この条において同じ。）の備付け及び財務諸表等の閲覧等の請求の受付に関する事項
十　検査業務から生じる損害の賠償その他の債務に対する備えに関する事項
十一　前各号に掲げるもののほか、検査業務に関し必要な事項

（業務の休廃止）

第十条の十　登録検査機関は、農林水産大臣の許可を受けなければ、検査業務の全部又は一部を休止し、又は廃止してはならない。

2　農林水産大臣は、前項の規定による許可をしたときは、遅滞なく、その旨を公示しなければならない。

【趣旨・解説】

登録検査機関は、民間の検査機関であっても、国（植物防疫官）に代わって輸出植物等の検査を行うという業務内容の公共性を鑑みれば、任意に当該登録に係る検査の業務の全部又は一部を休止したり、廃止することは適当ではない。このため、登録検査機関は、農林水産大臣の許可を受けなければ、登録に係る検査に関する業務の全部又は一部を休止し、又は廃止してはならないこととされた。

なお、他法の登録機関制度においては、登録機関がその登録に係る業務を休廃止した場合に、国が、登録機関が行っていた登録に係る業務を行うこととする規定を措置している例もあるが、輸出植物等の検査の業務については、登録検査機関は、国に代わって輸出植物等の検査の業務の一部を行うに過ぎず、また、登録検査機関の登録に係る検査の業務の実施にかかわらず、国は、引き続き輸出植物等の検査の業務の全てを行うことから、登録検査機関が登録に係る検査の業務を休廃止した場合の国の当該業務の実施義務については、規定する必要がないものとして整理されている。

登録検査機関による急な登録に係る検査の業務の全廃止は、輸出検査を受けようとする事業者に大きな不利益をもたらす。このため、法第一〇条の一〇第一項の規定に違反して、許可を受けないで検査業務の全部を廃止したときは、三〇万円以下の罰金に処することとされている（法第四二条第六号）。

（参考）**施行規則関係規定**

（登録検査機関の業務の休廃止の申請）

第三十一条の十二　登録検査機関は、法第十条の十の規定により検査業務の全部又は一部の休止又は廃止の許可を受けようとするときは、申請書（第二十号様式）を農林水産大臣に提出しなければならない。

2　前項の申請書の提出は、植物防疫所を経由して行うものとする。

（財務諸表等の備付け及び閲覧等）

第十条の十一　登録検査機関は、毎事業年度経過後三月以内に、その事業年度の財産目録、貸借対照表及び損益計算書又は収支計算書並びに事業報告書（これらの作成に代えて電磁的記録（電子的方式、磁気的方式その他の人の知覚によつては認識することができない方式で作られる記録であつて、電子計算機による情報処理の用に供されるものをいう。以下この条において同じ。）の作成がされている場合における当該電磁的記録を含む。次項第一号及び第三号並びに第四十五条において「財務諸表等」という。）を作成し、五年間事務所に備えて置かなければならない。

2　第十条第一項に規定する者その他の利害関係人は、登録検査機関の業務時間内は、いつでも、次に掲げる請求をすることができる。ただし、第二号又は第四号の請求をするには、登録検査機関の定めた費用を支払わなければならない。

一　財務諸表等が書面をもつて作成されているときは、当該書面の閲覧又は謄写の請求

二　前号の書面の謄本又は抄本の請求

三　財務諸表等が電磁的記録をもつて作成されているときは、当該電磁的記録に記録された事項を農林水産省令で定める方法により表示したものの閲覧又は謄写の請求

四　前号の電磁的記録に記録された事項を電磁的方法（電子情報処理組織を使用する方法その他の情報通信の技術を利用する方法であつて農林水産省令で定めるものをいう。）により提供することの請求又は当該事項を記載した書面の交付の請求

【趣旨・解説】

輸出しようとする者は、登録検査機関から輸出植物等の検査の一部を受ける際には、その経理状況や事業の実施状況も勘

案し、自らの責任で検査を受ける登録検査機関を選択することとなる。その判断に当たっては、財務諸表等の経理状況や事業の実施状況が記載された書類を確認できることが不可欠であると考えられる。このため、登録検査機関に対して財務諸表等の備付けを義務付けるとともに、輸出しようとする者その他の利害関係人は、その閲覧等を請求できることとされた。

法第一〇条の一一第一項の規定に違反して、財務諸表等を備えて置かず、財務諸表等に記載すべき事項を記載せず、若しくは虚偽の記載をし、又は正当な理由がないのに同条第二項の規定による請求を拒んだ者は、二〇万円以下の過料に処することとされた（法第四五条）。

（参考）**施行規則関係規定**

（電磁的記録に記録された事項を表示する方法等）

第三十一条の十三　法第十条の十一第二項第三号の農林水産省令で定める方法は、電磁的記録（法第十条の十一第一項に規定する電磁的記録をいう。以下この条において同じ。）に記録された事項を紙面又は出力装置の映像面に表示する方法とする。

2　法第十条の十一第二項第四号の農林水産省令で定める電磁的方法は、次に掲げるもののうち、登録検査機関が定めるものとする。

一　送信者の使用に係る電子計算機と受信者の使用に係る電子計算機とを電気通信回線で接続した電子情報処理組織を使用する方法であつて、当該電気通信回線を通じて情報が送信され、受信者の使用に係る電子計算機に備えられたファイルに当該情報が記録されるもの

二　電磁的記録により一定の情報を確実に記録しておくことができる物をもつて作成するファイルに情報を記録したものを交付する方法

（秘密保持義務等）

第十条の十二　登録検査機関（その者が法人である場合にあつては、その役員。次項において同じ。）及びその職員並びにこれらの者であつた者は、その検査業務に関して知り得た秘密を漏らし、又は自己の利益のために使用してはならない。

2　登録検査機関及びその職員で検査業務に従事する者は、刑法（明治四十年法律第四十五号）その他の罰則の適用については、法令により公務に従事する職員とみなす。

【趣旨・解説】

検体となる植物等の提供を受けて調査を実施することから、特定の輸出者や産地における輸出先の情報その他の第三者がおよそ知り得ない業務上の秘密を知り得る立場にある。これらの情報は、外部に漏れると、当該事業者のビジネス環境や、競合他社との競争関係に大きな影響を及ぼしかねないことから、専ら当該登録に係る検査のみに使用されなければならず、その他の目的で外部に漏れることがあってはならない。このため、登録検査機関の役員や職員に加え、かつてこれらの者であった者は、その登録に係る検査の業務に関して知り得た秘密を漏らし、又は自己の利益のために使用してはならないこととされた（法第一〇条の一二第一項）。

この規定に違反して、その検査業務に関して知り得た秘密を漏らし、又は自己の利益のために使用した者は、一年以下の懲役又は五〇万円以下の罰金に処することとされている（法第四一条第二項）。

また、登録検査機関は、国（植物防疫官）に代わり輸出植物等の検査の業務を実施することから、特にその役職員の職務の公正性を確保する必要性が高いと考えられる。このため、登録に係る検査に関する業務に従事する登録検査機関の役員又は職員は、刑法（明治四〇年法律第四五号）その他の罰則の適用については、法令により公務に従事する職員とみなすこととされた（法第一〇条の一二第二項）。

（適合命令）

第十条の十三　農林水産大臣は、登録検査機関が第十条の四第一項各号に掲げる要件のいずれかに適合しなくなつたと認めるときは、当該登録検査機関に対し、当該要件に適合するために必要な措置をとるべきことを命ずることができる。

【趣旨・解説】

農林水産大臣による登録を受けた登録検査機関であっても、その後の事情の変化により、登録要件に適合しなくなることも想定され、このような場合には、適切な検査の業務の実施が阻害されるおそれがある。このため、農林水産大臣は、登録検査機関が法第一〇条の四第一項各号に掲げる要件のいずれかに適合しなくなったと認めるときは、その登録検査機関に対し、これらの要件に適合するために必要な措置をとるべきことを命ずることができることとされた。

（改善命令）

第十条の十四　農林水産大臣は、登録検査機関が第十条の七の規定に違反していると認めるとき、又は登録検査機関が行う検査が適当でないと認めるときは、当該登録検査機関に対し、検査を実施すべきこと又は検査の方法その他の業務の方法の改善に必要な措置をとるべきことを命ずることができる。

2　農林水産大臣は、第十条の九第一項の認可をした業務規程が検査業務の公正な実施上不適当となつたと認めるときは、当該業務規程を変更すべきことを命ずることができる。

【趣旨・解説】

法第一〇条の七の登録検査機関の検査の義務の規定に違反しているときや、登録検査機関が行う登録に係る検査が適当でないと認められるときには、このような状態を改善する措置をとらなければ、輸出しようとする者に大きな影響を与えることが想定される。このため、このような場合には、農林水産大臣は、登録検査機関に対して、当該登録に係る検査に関する業務を行うべきこと又は当該登録に係る検査の方法その他の業務の方法の改善に必要な措置をとるべきことを命ずることができることとされた。

また、認可をした業務規程が登録に係る検査に関する業務の公正な実施上不適当となったと認めるときは、業務規程を適当なものとさせる必要があることから、その業務規程を変更すべきことを命ずることができることとされた。

（登録の取消し等）

第十条の十五　農林水産大臣は、登録検査機関が第十条の三各号のいずれかに該当するに至つたときは、その登録を取り消さなければならない。

2　農林水産大臣は、登録検査機関が次の各号のいずれかに該当するときは、その登録を取り消し、又は一年以内の期間を定めて検査業務の全部若しくは一部の停止を命ずることができる。

一　第十条の七、第十条の八第一項、第十条の九第一項、第十条の十第一項、第十条の十一第一項又は次条の規定に違反したとき。

二　第十条の九第一項の規定により認可を受けた業務規程によらないで検査業務を実施したとき。

三　正当な理由がないのに第十条の十一第二項の規定による請求を拒んだとき。

四　前二条の規定による命令に違反したとき。

五　不正の手段により登録若しくはその更新又は変更登録を受けたとき。

3　農林水産大臣は、前二項に規定する場合のほか、登録検査機関が、正当な理由がないのに、その登録を受けた日から一年を経過してもなおその検査業務を開始せず、又は一年以上継続してその検査業務を停止したときは、その登録を取り消すことができる。

4　農林水産大臣は、前三項の規定による処分をしたときは、遅滞なく、その旨を公示しなければならない。

【趣旨・解説】

登録検査機関は、一定の要件を満たした場合に、農林水産大臣の登録を受けて、当該登録に係る検査を行うものであるが、法第一〇条の三の欠格条項の規定に該当するに至った場合や、法に定める義務や法に基づく命令に違反するような事態が生じた場合には、適正な輸出植物等の検査の業務の実施が阻害され、輸出しようとする者の側に混乱が生じるおそれがある。このため、登録検査機関が、登録を受けるための要件に適合しないものとして法第一〇条の一五第二項に掲げる事由に該当することとなった場合は、農林水産大臣は、当該機関に対する業務停止の命令や登録の取消しを行うことができ、これらの処分を行った際には、遅滞なく、その旨を公示しなければならないこととされた。

また、登録検査機関が、法第一〇条の一五第二項の規定による業務停止命令を受けたにもかかわらず、これに従わず、検査業務を実施した場合には、当該状態を直ちに是正すべく、一年以下の懲役又は五〇万円以下の罰金に処することとされた（法第四一条第一項第四号）。

なお、登録検査機関が行った検査又はその不作為についての審査請求の規定を措置することも考えられる。しかしながら、国に代わり登録検査機関が行う輸出植物等の検査の業務については、植物防疫官による植物検疫証明書の交付の前提となる一連の検査において、対象となる植物等が輸入国の要求している基準に適合するかどうかについての検査の一部を行う事実行為と解される。登録検査機関が検査を行った植物等についても、植物防疫官が検査を行い、植物検疫証明書を交付することとなるため、登録検査機関が行う検査の業務について処分性はないと考えられることから、登録検査機関に関する審査請求の規定は措置しないこととされた。

（帳簿の記載等）

第十条の十六　登録検査機関は、農林水産省令で定めるところにより、帳簿を備え、検査業務に関し農林水産省令で定める事項を記載し、これを保存しなければならない。

【趣旨・解説】

帳簿は、登録検査機関にその登録に係る検査の業務の状況を明らかにさせるとともに、国がその状況を把握することで、登録検査機関における登録に係る検査の業務の適正な運営の確保に資するものである。また、国が、輸入国と植物検疫に関する協議を行うに当たって、輸入植物等の検査における有害動植物の発見の状況を把握しておくことも必要である。このため、事後的な確認や検証を可能とするため、登録検査機関は、農林水産省令で定めるところにより、帳簿を備え、登録に係る検査の業務に関し農林水産省令で定める事項を記載し、これを保存しなければならないこととされた。

この規定に違反して、帳簿に記載せず、若しくは帳簿に虚偽の記載をし、又は帳簿を保存しなかったときは、三〇万円以下の罰金に処することとされた（法第四二条第七号）。

（参考）**施行規則関係規定**

（登録検査機関の帳簿の記載等）

第三十一条の十四　法第十条の十六に規定する帳簿は、検査業務を行う登録検査機関ごとに作成し、検査業務を行う事務所に備え付け、最終の記載の日から四年間保存しなければならない。

2　法第十条の十六の農林水産省令で定める事項は、次のとおりとする。

一　検査を申請した者の氏名又は名称及び住所

二　検査の申請を受けた年月日
三　検査を行つた年月日
四　検査を行つた場所
五　検査の項目
六　検査を行つた品目及びその数量
七　検査を行つた品目の生産地又は原産国
八　検査を行つた検査員の氏名
九　検査の結果
十　その他必要な事項

（登録検査機関以外の者による人を誤認させる行為の禁止）

第十条の十七　登録検査機関以外の者は、その行う業務が検査に関するものであると人を誤認させるような表示、広告その他の行為をしてはならない。

【趣旨・解説】

登録検査機関制度を措置することにより、研究機関や大学等の民間の多様な主体が、輸出植物等の検査の一部を行うこととなることに伴い、農林水産大臣の登録を実際には受けていないにもかかわらず、法に基づく登録に係る検査の業務を実施できるかのように表示等を行い、輸出しようとする者を誤認させる民間の事業者が現れる可能性がある。

このため、登録検査機関以外の者は、その行う業務が登録検査機関による登録に係る検査に関するものであると人を誤認させるような表示、広告その他の行為をしてはならないこととされた。

（登録検査機関に対する報告の徴収等）

第十条の十八　農林水産大臣は、第十条から前条までの規定の施行に必要な限度において、登録検査機関に対し、必要な報告若しくは帳簿、書類その他の物件の提出を求め、又はその職員に、当該登録検査機関の事務所、事業所その他検査業務を行う場所に立ち入り、検査業務の状況若しくは帳簿、書類その他の物件を検査させ、若しくは従業者その他の関係者に質問させることができる。

2　前項の規定により立入検査又は質問をする職員は、その身分を示す証明書を携帯し、関係者にこれを提示しなければならない。

3　第四条第四項の規定は、第一項の規定による立入検査及び質問について準用する。

【趣旨・解説】

登録検査機関による安定的かつ適正な検査業務を担保するため、農林水産大臣は、法の施行に必要な限度において、登録検査機関の検査の業務又は経理の状況を把握するための報告を求め、又は、その職員に立入検査を行わせることができることとされた。

これらの措置の実効性を担保するため、法第一〇条の一八第一項の規定による報告若しくは物件の提出をせず、若しくは虚偽の報告若しくは虚偽の物件の提出をし、又は同項の規定による立入検査を拒み、妨げ、若しくは忌避し、若しくは同項の規定による質問に対し陳述をせず、若しくは虚偽の陳述をした者は、三〇万円以下の罰金に処することとされている（法第四二条第八号）。

（委任規定）

第十一条　この章に規定するものの外、検査の手続及び方法並びに検査の結果行う処分の基準は、農林水産大臣が定めて公表する。

2　前項の場合には、第五条の二第二項の規定を準用する。

【趣旨・解説】

輸入植物検疫及び輸出植物検疫については、法第一一条第一項の規定に基づき、検査の手続及び方法並びに検査の結果行う処分の基準が、輸入植物検疫規程と輸出植物検疫規程にそれぞれ定められている。

検査の手続及び方法並びに検査の結果行う処分の基準は、植物検疫措置に関して定められるものであり、専門的な知見を有する学識経験者や植物検疫により影響を受ける者の意見を聴取した上で定めることが適当である。このため、法第五条の二第二項の規定を準用し、これらを定める場合には、あらかじめ、有害動物又は有害植物の性質に関し専門の学識経験を有する者その他の関係者の意見を聴かなければならないこととされている。

第三章　国内植物検疫

（国内検疫）

第十二条　農林水産大臣は、新たに国内に侵入し、又は既に国内の一部に存在している有害動物若しくは有害植物のまん延を防止するため、この章の規定により検疫を実施するものとする。

【趣旨・解説】

植物防疫法第三章に規定する国内植物検疫には、二つの制度がある。一つは、種苗検疫である。これは、種苗を検疫し、有害動植物におかされていない優良な種苗を確保、保全することによって、有害動植物のまん延を防止し、農業生産の安全を図ろうとするものである。

種苗の生産地に有害動植物が存在していたり、新しい有害動植物が侵入したりすると、種苗の性質上、その移動とともに、短期間で全国各地に有害動植物が広がり、甚大な被害を及ぼすおそれがある。ことに種苗の有害動植物は、成長するまで見分けることができないとか、極めて検出困難なものが多く、これを購入する側にも相当の危険を伴うものである。例えばばれいしょのウイルス病は、種ばれいしょだけをみても、罹病しているのかどうか判別することはできない。栽培中に検査することによって、初めて判別できる。

このような理由で、有害動植物に関する専門的知識と技術を有する植物防疫官による国営検査を行うことによって、優良な種苗の保全を図る制度である。

この種苗検疫の制度は、従来県条例等で行われていたものを植物防疫法により、初めて、法制化されたものである。

本章に基づく種苗検疫としては、後で詳しく述べるように、種ばれいしょの検疫が行われている。なお、法律に基づく検疫のほか、果樹苗木については、主要生産地において、検査を行っているものがある。

国内植物検疫のもう一つの制度は、植物等の移動の制限及び禁止である。

これは、国内の一定の地域に分布している有害動植物の未発生地域への侵入を防止するため、その有害動植物の寄主植物等を他の地域へ移動することを制限又は禁止することによって、国内における有害動植物のまん延を防止し、農業生産の安定を図ろうとするものである。

沖縄には、ミカンコミバエ、ウリミバエ等沖縄以外の本邦の地域には未発生で当該地域へ侵入すれば当該地域の農作物に激甚な被害を与えるおそれのある有害動物が存在していたため、昭和四七年五月の沖縄の復帰までは、国際植物検疫の規定により沖縄からのこれら有害動物の寄主植物の輸入を禁止していたが、復帰後もこれら有害動物の国内の未発生地域への侵入を防止する措置が必要であるため、沖縄の復帰に伴う関係法令の改廃に関する法律（昭和四六年法律第一三〇号）において植物防疫法の一部を改正し、国内植物検疫制度の一つとして、国内における植物等の移動の制限及び禁止のための規定が設けられたものである。

国内における植物等の移動の制限又は禁止については、このほかに植物防疫法第四章の緊急防除の規定に基づく農林水産大臣の命令によっても行うことができるが、この緊急防除の制度は、後述のとおり、本来、我が国に未発生の重要有害動植物が国内のごく一部に侵入したり、国内の一部に存在していた有害動植物が急に異常発生して、国内にまん延するおそれがある場合に、早い機会にこれを駆除したり狭い範囲に食い止めるために一定の期間を定めて防除措置を講ずることをその趣旨とするものであるので、沖縄のアリモドキゾウムシ・イモゾウムシ等の長年にわたり広範囲に発生している有害動植物の寄主植物等の国内の未発生地域への移動の制限又は禁止については、緊急防除の規定の適用によることは妥当でない。

なお、この国内植物検疫による移動の制限及び禁止は、沖縄から国内の未発生地域への移動についてだけではなく、それまで第四章の緊急防除の規定により奄美群島及び小笠原諸島について行われていたアリモドキゾウムシ、イモゾウムシ等の寄主植物の国内の未発生地域への移動規制についてもこの規定の対象とされている。

（種苗の検査）

第十三条　農林水産大臣の指定する繁殖の用に供する植物（以下「指定種苗」という。）を生産する者（以下「種苗生産者」という。）は、毎年その生産する指定種苗について、その栽培地において栽培中に、植物防疫官の検査を受けなければならない。

2　植物防疫官は、前項の検査のみによつては有害動物又は有害植物を駆除し、又はそのまん延を防止する目的を達することができないと認めるときは、指定種苗の栽培前若しくは採取後における検査をあわせて行うことができる。

3　植物防疫官は、第一項又は前項の規定による検査の結果、指定種苗に農林水産大臣の指定する有害動物及び有害植物がないと認めたときは、当該種苗生産者に対して、合格証明書を交付しなければならない。

4　指定種苗は、前項の合格証明書又は植物防疫官の発行するその謄本若しくは抄本を添付してあるものでなければ、譲渡し、譲渡を委託し、又は当該検査を受けた栽培地の属する都道府県の区域外に移出してはならない。

5　植物防疫官は、第一項又は第二項の規定による検査により、第三項の有害動物又は有害植物があると認めたときは、その検査を中止し、当該種苗生産者に対し、当該有害動物又は有害植物を駆除し、又はそのまん延を防止するため必要と認める事項を口頭又は文書により指示しなければならない。

6　前項の指示を受けた種苗生産者は、当該指示に従つて必要な駆除予防をした場合には、植物防疫官に対し、当該指定種苗について第一項又は第二項に規定する検査を継続すべきことを申請することができる。

7　第一項の指定をする場合には、第五条の二第二項の規定を準用する。

【趣旨・解説】

一　指定種苗

種苗検疫の対象となる種苗は、繁殖の用に供する植物で、農林水産大臣の指定したもの（指定種苗）である（法第一三条第一項）。生産及び流通の量、防疫の対象となる有害動植物の種類等を勘案して、指定されるわけである。

農林水産大臣は、種苗を指定種苗として指定しようとするときは、あらかじめ、有害動物又は有害植物の性質に関し専門の学識経験を有する者その他の関係者の意見を聴かなければならない（法第一三条第七項による第五条の二第二項の規定の準用）。

種苗検疫は、種苗生産者にとって、有利な面もある反面、種々の制限が課せられるため、民間の意見を行政に反映させるためのものである。現在、指定種苗には、種ばれいしょが指定されている（昭和二六年農林省告示第五八号（検査を受けるべき種苗及び適用除外地域の指定に関する件））。

二　種苗の検査

種苗の検査は、原則として栽培地において栽培中に行うが、そのほか、栽培前の検査及び採取後の検査がある。指定種苗を生産する者（種苗生産者）は、毎年その生産する指定種苗について、その栽培地において栽培中に、植物防疫官の検査を受けなければならない（法第一三条第一項）。種苗検疫の主たる目的は、既に生産された種苗自体をみても、検出することが困難な有害動植物の検出にあるから、このようにほ場における検査を原則的なものとしている。

栽培地検査は、必須のものであるが、場合によっては、栽培前に、指定種苗の生産のために使用される種苗の検査、植付予定ほ場の環境検査等が必要になってくる。そこで、植物防疫官は、栽培地検査のみによっては有害動植物を駆除し、又はそのまん延を防止する目的を達することができないと判断するときは、栽培前若しくは採取後の検査をあわせて行うことができる（法第一三条第二項）。

㈠　検査の申請

検査を受けようとする種苗生産者（共同して検査の申請をする場合にあってはその代表者）は、指定種苗の種類ごとに、別に告示で定める期間内に農林水産大臣の定める検査申請書を植物防疫官に提出する（施行規則第三二条第一項）。この申請をした者は、当該指定種苗の栽培地の見やすい場所に、所定の表示を行い、植物防疫官等が行う検査の際に立ち会わなければならない（施行規則第三二条第二項）。

㈡　検査

植物防疫官は、検査申請者に対し、あらかじめ検査の期日を通知する（施行規則第三三条）。植物防疫官は、栽培地検査又は栽培前若しくは採取後における検査の結果、当該指定種苗に農林水産大臣の指定する有害動植物がないと認めたときは、当該種苗生産者に対して、合格証明書を交付する（法第一三条第三項）。

農林水産大臣の指定した有害動植物があると認めたときは、その検査を中止し、当該種苗生産者に対し、当該有害動植物を駆除し、又はそのまん延を防止するため必要と認める事項を口頭又は文書により指示しなければならない（法第一三条第五項）。この指示を受けた種苗生産者は、当該指示に従って必要な駆除予防をした場合には、植物防疫官に検査を継続すべきことを申請することができる（法第一三条第六項）。この場合の検査中止措置は、その目的のため必要な最少限の範囲内にとどめるべきであり、また、検査の続行に支障のない範囲内で、併行的に検査を継続すべきである。

植物防疫官は、当該指示に従って駆除予防が行われ、かつ、農林水産大臣が指定した有害動植物がなくなったと認めるときは、当該種苗生産者に対し、合格証明書を交付しなければならない。

三　指定種苗の譲渡等の制限

指定種苗については、その農業生産における重要性に鑑み、検疫が行われるのであるが、検査等が種苗生産者の申請に基づいて行われるものであり、検査を受けない種苗、検査を受けて合格したものであるかどうか明らかでないもの等の流通を許したのでは、制度の存在意義の大半は失われてしまう結果となる。このため、指定種苗を譲渡し、譲渡を委託し、又は当該検査を受けた栽培地の属する都道府県の区域外へ移出する場合は、合格証明書又は植物防疫官の発行するその謄本若しくは抄本を指定種苗に添付しなければならないものとし（法第一三条第四項）、流通制限が課された。

「譲渡」とは、有償、無償を問わず、他人に指定種苗の所有権を移転することであり、「譲渡の委託」とは、譲渡すべきことを他人に依頼することであり、その根拠となる法律関係のいかんを問わない。

「当該検査を受けた栽培地の属する都道府県の区域外に移出すること」を禁じているのは、種苗検疫は、国が行うもので、主として都道府県の区域を越えて流通するものを対象とするのであり、既に他人への譲渡は禁止しているのだから、自ら使用するために生産するものを都道府県の区域内で移動することについてまで制限する趣旨ではないからである。法第一六条第三号においては、同一都道府県の区域内で自ら繁殖の用に供するため生産する指定種苗については、種苗検疫の対象とはしないことにしている。違反した者は、三年以下の懲役又は一〇〇万円以下の罰金に処せられる（法第四〇条第一号）。

四　種ばれいしょの検疫

前にも述べたとおり、現在種苗検疫が実施されているのは、種ばれいしょのみである。戦争中から戦後にかけての混乱によって、我が国の種ばれいしょは、採種栽培も乱れ、ウイルス病等による被害が大きくなり、また、ばれいしょの重要病菌である輪腐病が我が国に侵入して猛威を振るったため、昭和二五年に指定種苗として指定され、検疫が開始された。この種ばれいしょの検疫についても、植物防疫法及び同法施行規則の関係規定が当然適用されるが、このほか、種馬鈴しょ検疫規程（昭和二六年農林省告示第五九号）が定められてこれによるほか、種馬鈴しよ検疫実施要領（昭和四九年八月三一日付け四九農蚕第五三三三号農蚕園芸局長通達）により運営されている。

(一)　種ばれいしょ検疫対象地域

種ばれいしょの検疫は、我が国全域において行われているのではなく、その適地である次に掲げる主要生産県を対象にして行われている（検査を受けるべき種苗及び適用除外地域の指定に関する件）。

北海道、青森県、岩手県、福島県、群馬県、山梨県、長野県、岡山県、広島県、長崎県及び熊本県

以上の各道県で種ばれいしょ（同一道県の区域内で自ら繁殖の用に供するため生産するものは除かれる。）を生産する者は、毎年その生産する種ばれいしょについて、検査を受けなければならない（法第一三条第一項）。

この検査に合格したものであって、合格証明書又は植物防疫官の発行するその謄本若しくは抄本が添付されているものでなければ、譲渡し、譲渡を委託し、又は当該検査を受けた栽培地の属する道県の区域外に移出できない（法第一三条第四項）。

㈡　対象有害動植物

法第一三条第三項の規定により、農林水産大臣の指定する有害動植物は、次のものである（種馬鈴しょ検疫規程第三条）。

①　有害動物　ジャガイモガ、ジャガイモシストセンチュウ及びジャガイモシロシストセンチュウ

②　有害植物　馬鈴しょウイルス、輪腐病菌、そうか病菌、粉状そうか病菌、黒あざ病菌、疫病菌及び青枯病菌

㈢　検査の申請

種ばれいしょの生産者は、春作にあっては毎年三月三一日までに、秋作用春作にあっては、毎年二月末日までに、秋作にあっては毎年八月三一日までに検査申請書を生産者の代表者（生産者の互選による。）を通じて種馬鈴しょ防疫補助員（毎年度検査申請書の提出時期に先立ち、植物防疫所長が委嘱する者であって、植物防疫官が行う検査の事務を補助する者である。）に提出し、補助員は、道県を経由し、植物防疫官に提出する（種馬鈴しょ検疫規程第四条及び種馬鈴しょ検疫実施要領第三）。

検査申請者は、種ばれいしょの植付後直ちに検査を受ける各ほ場に二の㈠の表示を行うとともに、検査に立ち会わなければならない。

㈣　検査

植物防疫官は、検査期日をあらかじめ道県を通じ補助員に通知し、補助員は、あらかじめ生産者の代表者を通し、生産者に通知する（種馬鈴しょ検疫実施要領第四）。

検査は、使用予定種ばれいしょ及び植付予定ほ場検査、各期ほ場検査並びに生産物検査であり、検査の時期及び方法は、種馬鈴しょ検疫規程第六条、第七条及び種馬鈴しょ検疫実施要領第五に定めるところにより行う。

検査合格の基準は、次のとおりである（種馬鈴しょ検疫規程第八条）。

(1)　使用予定種ばれいしょ及び植付予定ほ場検査

①　使用予定種ばれいしょは、国立研究開発法人農業・食品産業技術総合研究機構で生産されたもの、これを用いて道県の直接管理する原種ほにおいて増殖されたもの又は植物防疫官が採種用種ばれいしょとして適当と認めたもので、

植付前に消毒が実施されたものであること。

② 植付予定ほ場は、ジャガイモシロシストセンチュウの発生している地域にないこと又はジャガイモシストセンチュウ若しくはジャガイモシロシストセンチュウの発生している地域にあっては土壌検診の結果、ジャガイモシストセンチュウ及びジャガイモシロシストセンチュウが検出されないこと、並びに高冷地にあるか又はアブラムシ及びヨコバイの発生が比較的少ない地域にあり、かつ、ほ場に隣接する土地に馬鈴しょウイルス病にり病しているなす科の植物が生育していない等種ばれいしょの生産に適した条件にあると認めたものであること。

(2) 各期ほ場検査

① ジャガイモシストセンチュウ及びジャガイモシロシストセンチュウの付着を認めないこと。

② ウイルスり病株、異常株及び青枯病り病株を認めないこと。

③ 全生育期間を通じ輪腐病の発生が全くないこと。

④ 疫病り病株又は黒あざ病り病株の被害の程度の著しいものの割合が植付株数の一割を超えないこと。

⑤ 馬鈴しょウイルス病を媒介するアブラムシ及びヨコバイの発生の程度が軽微であること。

(3) 生産物検査

① ジャガイモガによる被害が認められないものであること。

② ジャガイモシストセンチュウ及びジャガイモシロシストセンチュウの付着を認めないこと。

③ そうか病、粉状そうか病、黒あざ病及び疫病の被害の軽微なものの合計が全体の一割を超えないこと。

④ くわ、有害動植物等により損傷を受けたものがないこと。

（廃棄処分）

第十四条　植物防疫官は、前条第四項の規定に違反して譲渡され、譲渡を委託され、又は移出された指定種苗を所持している者に対して、その廃棄を命じ、又は自らこれを廃棄することができる。

【趣旨・解説】

譲渡等の制限措置にもかかわらず、譲渡されたり、県外に持ち出されたりする場合、その状態を放置しておけば、有害動植物のまん延防止の目的を達することができない。このため、植物防疫官による違反物件の廃棄処分の規定を設けている。

植物防疫官は、譲渡等の制限規定に違反して譲渡され、譲渡を委託され、又は移出された指定種苗を所持している者に対して、その廃棄を命じ、又は自ら廃棄することができるが、委託の場合、現実に譲渡されたか否かは問わない。

「所持」とは、指定種苗が社会通念上その人の事実的支配に属していると認められる状態にあることである。植物防疫官は、廃棄を命じた場合において、当該義務者の要求があったときは、廃棄命令書を交付しなければならない。また、違反物件を自ら廃棄するときは、当該指定種苗の所有者等にその旨通知するとともに、これらの者から要求があったときは、証明書を交付しなければならない（施行規則第三五条）。この廃棄命令に違反し、又は植物防疫官の行う廃棄処分を拒み、妨げ、若しくは忌避した者は、三〇万円以下の罰金に処する（法第四二条第九号）。

（手数料の徴収及び委任規定）

第十五条　農林水産大臣は、第十三条第一項の規定により検査を受ける者から、検査の実費をこえない範囲内において農林水産省令で定める額の手数料を徴収することができる。

2　第十一条の規定は、第十三条第一項又は第二項の検査について準用する。

【趣旨・解説】

種苗検疫は、農業生産の安全を図り、優良な種苗を保全するという国家公共的目的のために行われるが、その反面検査を受けた者も利益を受けるものであるので、その費用を償うため、検査を受ける者から検査の実費を超えない範囲内において手数料を徴収し得ることとしているが、これに関する省令の定めはなく、現在、種ばれいしょの検疫においては手数料は徴収されていない。

（適用除外）

第十六条　次に掲げる指定種苗については、第十二条から前条までの規定は適用しない。

一　農林水産大臣の指定する地域で生産される指定種苗

二　都道府県又は国立研究開発法人農業・食品産業技術総合研究機構が生産し、かつ、農林水産大臣の定める基準に従つて自ら検査する指定種苗

三　種苗生産者が同一都道府県の区域内で自ら繁殖の用に供するため生産する指定種苗

【趣旨・解説】

本条では、種苗検疫を行う必要がないものとして、適用除外となる指定種苗を規定している。

本条第一号については、植物防疫法において、ある種苗を農林水産大臣が指定すると、原則、指定種苗を生産する者全てを制限することとなるが、指定種苗の検査は、種苗を介して他の地域に病害虫がまん延することを防止することが目的であり、全ての地域において指定種苗を生産する者を制限する必要がないため、法第一二条から第一五条までの規定の適用から除外されたものと考えられる。

本条第二号については、都道府県又は国立研究開発法人農業・食品産業技術総合研究機構が生産し、病害虫に汚染されていないことを農林水産大臣の定める基準に従って自ら検査した指定種苗については、有害動植物に関する専門的知識と技術を有する植物防疫官による検査と同等の検査を行ったものと考えられ、改めて植物防疫官による検査を行う必要がないため、法第一二条から第一五条までの規定の適用から除外されたものと考えられる。

本条第三号については、生産者が譲渡を目的とせず、かつ、同一都道府県内で自ら使用するために生産した指定種苗につ

いては、当該種苗を介して他の地域へ病害虫をまん延させることがなく、このようなものまで制限する必要がないため、法第一二条から第一五条までの規定の適用から除外されたものと考えられる。

（植物等の移動の制限）

第十六条の二　農林水産省令で定める地域内にある植物又は指定物品で、有害動物又は有害植物のまん延を防止するため他の地域への移動を制限する必要があるものとして農林水産省令で定めるもの及びこれらの容器包装は、農林水産省令で定める場合を除き、農林水産省令で定めるところにより、植物防疫官が、その行う検査の結果有害動物又は有害植物が付着していないと認め、又は農林水産省令で定める基準に従つて消毒したと認める旨を示す表示を付したものでなければ、他の地域へ移動してはならない。

2　前項の農林水産省令を定める場合には、第五条の二第二項の規定を準用する。

【趣旨・解説】

国内の特定地域に分布し、他の地域には未発生の有害動植物のまん延を防止するためには、基本的にはその分布地域からの当該有害動植物の全ての寄主植物の移動を禁止する必要があるが、有害動植物の寄主植物のうちには、有害動植物の付着の有無を確認できるものあるいは有害動植物を完全に死滅させ得る消毒技術の確立されているものもあるので、そのような植物については、有害動植物の付着するものを排除し、又は消毒を行えば、有害動植物のまん延を防止することができる。また、有害動植物の種類によっては、植物以外の物品に付着し、これを介して未発生の地域でまん延するおそれも考えられるが、物品の消毒を行えば、有害動植物のまん延を防止することができる。国民の権利・自由の保護の上からも、分布地域の農業の振興のためにも、規制は極力緩やかにする必要がある。法第一六条の二の規定は、このような観点から法第一六条の三の規定による植物等の移動の禁止措置のほかに、植物等の国内における移動の制限措置を定めたものである。

一　対象地域及び対象植物等

移動の制限の対象となるものは、省令で定める地域内にある植物又は指定物品（注1）で有害動物又は有害植物のまん延を防止す

るため他の地域への移動を制限する必要があるものとして省令で定めるもの及びこれらの容器包装である。(注2)

対象地域及び対象植物等を省令で定めることとしているのは、現在有害動植物が分布していても将来それが絶滅されることもあり、又は現在移動が禁止されている植物であっても将来検査や消毒の方法が確立して移動制限の対象とすれば足りることになるものも考えられるので、そのような場合に直ちに対処できるようにするためである。なお、この省令を定めようとする場合には、法第五条の二第二項の規定が準用され、あらかじめ、有害動植物の性質に関し専門の学識経験を有する者その他の関係者の意見を聴かなければならないこととされている。

（注1） 第一六条の二から第一六条の五までの規定に基づく国内植物検疫については、植物等の国内における移動により、有害動植物が未発生地域に侵入し、まん延することで有用な植物に損害を与えることを防止する目的で行われており、海外からの有害動植物の侵入を防止する措置である輸入植物検疫と同様の趣旨で行われるものである。また、国内に新たに侵入した有害動植物が国内の一部の地域に定着してしまった場合には、当該地域から未発生地域へのまん延を継続的に防止することで、損害を最小限にとどめるために活用されることも想定される。このため、令和四年の法改正により、国内植物検疫においても、輸入植物検疫の対象と同様に、指定物品（法第四条において省令で指定）で有害動物又は有害植物のまん延を防止するため他の地域への移動を制限する必要があるものとして省令で定めるものについて、移動制限の対象とすることができるようになった。

（注2） 移動制限の対象地域及び対象植物等は、施行規則第三五条の二により、施行規則別表三及び四において定められている。なお、令和五年現在、移動制限の対象となる指定物品は定められていない。

二　移動制限の内容

移動制限の内容は、省令で定める例外を除き、(注1)植物防疫官の検査（以下「移動検査」という。）を受け、その結果有害動植物が付着していないと認める旨の表示を付したもの又は省令で定める基準に従って消毒し、植物防疫官がこれを確認（以下「消毒の確認」という。）してその旨の表示を付したものでなければ他の地域へ移動してはならないというものである。(注2)

このように移動前にあらかじめ植物防疫官の検査又は消毒の確認を要することとしたのは、国内における物品の移動は、輸入と違って、到着地点を特定することは困難かつ不適当であり、また移動中の有害動植物の飛散等を防止するためにも、移動前にチェックして有害動植物を排除することが必要であり、またそれが可能であるからである。

なお、この移動制限の規定に違反した者は、三年以下の懲役又は一〇〇万円以下の罰金に処せられる（法第四〇条第一号）。

（注1）移動制限の例外は、次の場合である（施行規則第三五条の三）。

試験研究の用に供するため農林水産大臣の許可を受け、かつ、当該許可を受けたことを証する書面（移動制限植物等移動許可証）を添付して移動する場合

この許可を受けようとする者は、その住所地を管轄する植物防疫所を経由して農林水産大臣に移動制限植物等移動許可申請書を提出しなければならない。農林水産大臣は、この許可をしたときは、許可申請者に対し、移動制限植物等移動許可証及び移動制限植物等移動許可指令書を交付する。

なお、この許可証には、移動の方法、移動後の管理方法、その他必要な条件が付されることになっており、この条件に違反した場合にはその許可は取り消され、対象物品は処分されることになる。

（注2）この法律でいう「移動」とは、植物等を国内の一定地域から搬出して、国内の他の地域へ到達せしめることである。手段方法のいかんを問わない。他の地域への到達をもって移動が完了する。したがって、単なる船舶、車両等への積込み等の行為は移動とはいえないが、後で述べるように、植物防疫法は、移動制限や移動禁止の目的が達成されるよう、これらの行為も取締りの対象としている。

㈠　移動検査の内容

移動検査は、有害動物が付着しているかどうかだけが問題となるもの、すなわち、寄主植物又は指定物品及びこれらの容器包装（施行規則別表三に掲げるもの）について行われる（施行規則第三五条の四第一項）。移動検査を受けようとする者は、その植物又は指定物品及び容器包装を移動しようとする日の二日前まで（ただし、その植物等の数量が多く、かつ、不合

格品の補充の便宜等のため、その植物等の所在地で検査を受けたい場合は五日前まで）に、植物防疫官に検査申請書を提出しなければならない（同条第三項）。植物防疫官は、申請者に対し、あらかじめ移動検査の期日を通知しなければならない（同条第四項）。移動検査は、植物防疫所（沖縄においては植物防疫事務所。以下同じ。）又は植物防疫所長（沖縄においては植物防疫事務所長。以下同じ。）の指定する場所で行うのが原則であるが、検査を受ける植物等の数量が多く、かつ、不合格品があった場合にその補充するための便宜等から、その植物等の所在地で検査を受けたい旨の申請があり、その必要があると植物防疫官が認めた場合には、その所在地で行うことができる（同条第二項）。申請者は、移動検査を受けるときには、植物防疫官の指示に従って植物等の運搬、荷解き、荷造りその他の措置をしなければならない（同条第五項）。

植物防疫官は、この移動検査を行った結果、その植物、指定物品又は容器包装に有害動物が付着していない（注）と認めたときは、その植物、指定物品又は容器包装にその旨を示す表示を付するわけであるが、この表示は、検査合格証明書若しくは検査合格証票を添付するか、検査合格証印を押印するか又は検査合格証紙を貼り付けてすることとされている（同条第六項）。

（注）「有害動物が付着していない」と認めるのは、有害動物の成虫のみでなく、卵、幼虫又は蛹も付着していないと認める場合である。

(二) 消毒の確認

消毒の確認は、まん延防止を必要とする有害動物の付着しているおそれのある植物で消毒方法の確立している植物又は指定物品及びこれらの容器包装（施行規則別表四に掲げるもの）について行われる（施行規則第三五条の五第一項）。消毒の確認を受けようとする者は、消毒を行う二日前までに、植物防疫官に消毒確認申請書を提出しなければならない（同条第三項）。植物防疫官は、申請者に対し、あらかじめ消毒の確認の期日を通知しなければならない（同条第四項）。消毒の確認は、植物防疫所か、植物防疫所長の指定する場所で行う（注1）（同条第二項）。申請者は、消毒の確認を受けるときには、植物防疫官の指示に従って植物等の運搬等の措置をとらなければならないのは移動検査の場合と同じである（同条第五項）。

消毒は、植物又は指定物品の種類に応じ、それぞれ方法、使用薬剤及び薬量、くん蒸基準温度、くん蒸時間について基準（注2）が定められており、これに従い申請者の側の負担において実施されることとなる。

植物防疫官は、この消毒に立ち会い、消毒が前述の基準に従って行われたと認めたときは、その植物、指定物品又は容器包装に、消毒確認の表示を付することとなるが、この表示は、消毒確認証明書若しくは消毒確認証票の添付、消毒確認証印の押印又は消毒確認証紙の貼り付けのいずれかによって行う（同条第六項）。

（注1）　消毒場所は、消毒が確実に、かつ、人体等に危被害を及ぼすことなく行われるような施設が備えられている必要があるので、植物防疫所長は、毎年、関係都県知事の推薦により、一定の条件を満たす施設をこの消毒に適した施設として認定することとなっている。

（注2）　消毒の基準は、施行規則第三五条の六により、施行規則別表五に定められている。

（植物等の移動の禁止）

第十六条の三　農林水産省令で定める地域内にある植物、有害動物若しくは有害植物又は土で、有害動物又は有害植物のまん延を防止するため他の地域への移動を禁止する必要があるものとして農林水産省令で定めるもの及びこれらの容器包装は、他の地域へ移動してはならない。ただし、試験研究の用に供するため農林水産大臣の許可を受けた場合は、この限りでない。

2　前項の農林水産省令を定める場合には第五条の二第二項の規定を、前項ただし書の場合には第七条第二項から第六項までの規定を準用する。この場合において、同条第三項中「輸入禁止品の輸入後」とあるのは「植物、有害動物若しくは有害植物又は土及びこれらの容器包装の移動後」と、同条第四項中「輸入しなければ」とあるのは「移動しなければ」と、同条第五項中「輸入の方法、輸入後の管理方法」とあるのは「移動の方法、移動後の管理方法」と、同条第六項中「輸入禁止品」とあるのは「植物、有害動物若しくは有害植物若しくは土及びこれらの容器包装」と読み替えるものとする。

【趣旨・解説】

国内の特定地域に分布し、他の地域には未発生な有害動植物が付着しているおそれのある植物のうち、検査や消毒によっては有害動植物の付着を完全に除去できないもの及び有害動植物そのもの、更に有害動植物の生存するおそれのある土については、当該有害動植物の他の地域へのまん延を防止するためには、移動を禁止する必要がある。法第一六条の三の規定は、このような観点から、植物等の国内における移動の禁止措置を定めたものである。

一　対象地域及び対象植物等

移動が禁止されるものは、省令で定める地域内にある植物、有害動物若しくは有害植物又は土で、有害動物又は有害植物のまん延を防止するため他の地域への移動を禁止する必要があるものとして省令で定めるもの及びその容器包装である（法第一六条の三第一項本文）。対象地域及び対象植物等を省令で定めることとしている理由は、移動の制限の場合と同様である。なお、この省令を定めようとする場合にあらかじめ、有害動植物の性質に関し専門の学識経験を有する者その他の関係者の意見を聴くことを要求しているのも、移動制限の場合と同じである。

これらの移動禁止対象植物等を他の地域へ移動した者は、三年以下の懲役又は一〇〇万円以下の罰金に処せられる（法第四〇条第一号）。

（注）移動禁止対象地域及び対象植物等は、施行規則第三五条の七により、施行規則別表六及び別表七に定められている。なお、令和五年現在、土については、移動禁止の対象となっていない。

二　移動禁止の例外

この植物等の移動禁止の例外として、試験研究の用に供するため農林水産大臣の許可を受けた場合は、前述の移動禁止対象植物等であっても、対象地域から他の地域への移動が認められる（法第一六条の三第一項ただし書）。

この農林水産大臣の許可を受けようとする者は、その者の住所地を管轄する植物防疫所を経由して農林水産大臣に移動禁止植物等移動許可申請書を提出しなければならない（法第一六条の三第二項において準用する法第七条第二項、施行規則第三五条の八第一項）。

農林水産大臣は、この申請にかかる移動禁止植物等の移動後においてこれを管理する施設が省令で定める技術上の基準（注1）に適合していると認めるときでなければその移動を許可してはならない（法第一六条の三第二項において準用する法第七条第三項）。許可する場合、有害動植物が散逸しないよう、移動の方法、移動後の管理方法その他必要な条件を付することができる（注2）（法第一六条の三第二項において準用する法第七条第五項）。

この条件に違反した場合には、当該許可が取り消され、当該植物等の廃棄その他の必要な措置を命ぜられることがある（法第一六条の三第二項において準用する法第七条第六項）ほか、三年以下の懲役又は一〇〇万円以下の罰金に処せられる（法第四〇条第二号）。

農林水産大臣は、この許可をしたときは、申請者に対し、移動禁止植物等移動許可証及び移動禁止植物等移動許可指令書を交付する（施行規則第三五条の八第二項）。

この許可を受けた移動禁止植物等を移動する場合には、許可を受けたことを証する書面を添付しなければならない（法第一六条の三第二項において準用する法第七条第四項）。

（注1）技術上の基準は、次のとおりである（施行規則第三五条の九において準用する施行規則第七条の二）。

① 天井、壁及び床が、移動禁止植物等が分散しない構造であって、振動、転倒、落下等による外部からの衝撃により容易に損壊しない構造であること。

② 移動禁止植物等の種類に応じて出入口及び開口部に必要な分散防止措置がとられていること。

③ オートクレーブ等の殺虫・殺菌設備その他移動禁止植物等を適切に処理するために必要な設備を有していること。

④ その他移動禁止植物等の種類に応じて当該移動禁止植物等の分散を防止するために必要な構造、設備及び機能を有していること。

⑤ 移動禁止植物等を安全かつ適切に管理できる知識及び技術を有する責任者を配置していること。

（注2）移動許可に付される条件は、通常次の事項である（施行規則第三五条の一〇）。なお、許可を受けた者からこの条件の変更について申請があり、当該申請の理由が正当であり、かつ、やむを得ないと認められるときは、この付した条件を変更することがある。変更したときは、植物防疫所を通じてその旨を当該申請者に通知する（同条第二項において準用する施行規則第八条第二項）。

① 移動前に移動しようとする移動禁止植物等が法第一六条の三第一項ただし書の許可を受けているものである旨の植物防疫官の確認を受けること。

② 移動しようとする移動禁止植物等の移動又は荷造りの方法に関すること。

③ 移動後の移動禁止植物等の管理の場所及び期間その他の管理の方法に関すること。

④ 移動後の移動禁止植物等の管理の責任者に関すること。

⑤ 移動後の移動禁止植物等の譲渡その他の処分の制限又は禁止に関すること。

⑥　移動後の移動禁止植物等の管理中に法第一六条の三第一項ただし書の許可を受けていない別表七の有害動物又は有害植物の欄に掲げる有害動物又は有害植物が発生した場合における通知その他措置の方法に関すること。

（船舶等への積込み等の禁止）

第十六条の四　植物防疫官は、第十六条の二第一項又は前条第一項の規定に違反して植物、指定物品、有害動物若しくは有害植物又は土及びこれらの容器包装が移動されることを防止するため必要があると認めるときは、これらの物品を所有し、又は管理する者に対し、船舶、車両若しくは航空機にこれらの物品の積込み若しくは持込みをしないよう、又は船舶、車両若しくは航空機に積込み若しくは持込みをしたこれらの物品を取り卸すよう命ずることができる。

【趣旨・解説】

輸入植物検疫については、輸入する場所を特定の海港又は空港に限定し（法第六条第二項）、原則、その輸入港内で検査を行うこととされている（法第八条第一項、第二項）が、国内における移動制限植物等又は移動禁止植物等の移動についてこのような形でチェックすることは困難なので、これらの植物等が移動の制限や移動の禁止の規定に違反して移動されることを未然に防止するためには、これらの植物等を移出する場所で何らかのチェックができるようにしておく必要がある。

法第一六条の四の規定は、このような観点から、植物防疫官にこれら植物等の船舶等への積込みを禁止し、又は船舶等からの取り卸しを命ずることができる権限を与えたものである。

なお、植物防疫官は、一般的権限として、有害動植物が付着しているおそれのある植物等があると認めるときは、船舶等に立ち入り、植物等を検査する等の権限が与えられている（法第四条）。

本条の取締りの対象となる物品は、移動制限及び移動禁止の対象となっているものであって前二条の規定に違反して移動されるおそれがあるものに限られる。

また、違反して移動されること（注）を防止するため必要があると認めるかどうかは、植物防疫官が判断することとなるが、諸般の状況からみて、そのまま放置すれば、当該移動禁止植物等が他の地域へ移動されることが明らかである場合に限られる。

植物防疫官は、このような場合に、当該物品の所有者又は管理者に対し、船舶、車両若しくは航空機へこれらの物品を積込み若しくは持込みしないよう命ずるか、既に積込み若しくは持込みをしたこれらの物品を取り卸すように命ずることができるが、自らこれを取り卸すことは原則としてできない。

植物防疫官による命令に違反した者は、一年以下の懲役又は五〇万円以下の罰金に処せられる（法第四一条第一項第二号）。

（注）移動制限植物等や移動禁止植物等を他の地域に到達させることなく船舶、車両内や機内で消費するために船舶、車両や航空機に積み込み、又は持ち込むことは、移動制限や移動禁止の規定にも違反せず、また、本条の取締りの対象ともならないが、このような目的の積込み又は持込みであることをあらかじめ明らかにしておくとともに、残渣等が違反して移動されることを防止するため、行政指導として、移動禁止植物等を船内消費用又は機内消費用として積み込もうとする船舶、航空機等の管理者から植物防疫官に、積み込もうとする植物等の種類、数量、積込みを必要とする理由及び残渣の処理方法を記載した書面を提出させ、植物防疫官がその確認及び表示を行うこととしている。

（消毒又は廃棄処分）

第十六条の五　植物防疫官は、第十六条の二第一項又は第十六条の三第一項の規定に違反して移動された植物、指定物品、有害動物若しくは有害植物又は土及びこれらの容器包装を所持する者に対して、これらの消毒若しくは廃棄を命じ、又は自らこれらを消毒し、若しくは廃棄することができる。

【趣旨・解説】

移動の制限又は禁止の規定に違反して移動された植物等については、これをそのまま放置しておくのでは移動制限又は禁止措置の実効性を減殺することになる。このため、輸入植物検疫の場合と同様に、植物防疫官に違反植物等についての処分権限を与えている。

この消毒又は廃棄処分は、「違反して移動された」植物等が対象となり、移動前や移動中のものは、違反することとなるのが明らかであっても、対象とならない。この場合には、前述の法第一六条の四の規定に基づく措置をとることになる。国内植物検疫には、移動後の検査の制度はないので、この規定を活かして、移動制限地域及び移動禁止地域からの船舶、車両又は航空機の主要な到達地を中心に、随時植物防疫官が目を光らせるほかはない。

「所持する者」に対して廃棄を命じることとしているのは、法第九条第二項と同じく、迅速確実に行うことが要求されるからである。

処分の内容は、消毒若しくは廃棄を命ずるか又は自ら消毒し、若しくは廃棄することである。移動が制限されている植物及びその容器包装についても、その移動前の検査や消毒によってのみ有害動物のまん延を確実に防止できるものであることから移動制限の規定に違反して移動された場合は廃棄することになる。一方、令和五年現在、法第一六条の二の規定に基づき移動が制限されている指定物品はないが、指定物品としては農機具が定められている（施行規則第一条）。法第一六条の二の規定に基づき仮に指定物品である農機具の移動が制限された場合、その物流量や廃棄する場合の処理方法を踏まえれば、一律に廃棄を命ずることは現実的ではなく、消毒（付着した土の除去を含む。）を行えば十分である。このため、令和四年の改正において、第一六条の二の規定に違反した指定物品を所持する者に対する処分を念頭に、廃棄に加えて、消毒を行うことができるように措置された。

この消毒若しくは廃棄命令に違反し、又は植物防疫官の行う消毒若しくは廃棄を拒み、妨げ、若しくは忌避した者は、一年以下の懲役又は五〇万円以下の罰金に処せられる（法第四一条第一項第五号）。

植物防疫官は、この規定により消毒又は廃棄を命じた場合において相手方から要求があったときは消毒・廃棄命令書を交付しなければならず、また、自ら消毒し、又は廃棄したときは当該物品の所有者又は管理者に対してその旨を通知し、かつ、これらの者の要求があったときは、証明書を交付しなければならない（施行規則第三五条の一一において準用する施行規則第二一条第一項及び第二二条）。

第三章の二　侵入調査

有害動植物の侵入を防止するためには、国内に侵入した場合に大きな損害を及ぼすおそれのある有害動植物を早期に発見することが重要である。このため、国は、昭和五二（一九七七）年から、予算措置により、植物防疫所が所在する海空港だけでなく、都道府県の協力を得て、内陸部にも調査地点を設けて、新たに国内に侵入し、又は国内の一部に存在している有害動植物であってまん延した場合に有用な植物に重大な損害を及ぼすおそれのあるものを対象に、誘殺トラップ等を用いてその侵入や分布状況を把握するため調査を実施してきた。

有害動植物の侵入リスクが高まる中、国内における有害動植物の発生を予防するためには、有害動植物を早期に発見し、適時・適切かつ効率的な防除を行うことが重要であり、輸入国のニーズに対応した輸出体制等を整備する観点からも、有害動植物の侵入や分布状況の調査を行う重要性が増していたが、都道府県が任意に行う予算措置による調査では、有害動植物の種類によっては、その寄主となる植物の主要産地とそうでない都道府県とではその関心が必ずしも一致せず、主要産地の近隣の都道府県を含めて十分な調査が実施できない場合もあった。

近隣の都道府県を含めて十分な調査が実施できない場合、侵入した有害動植物の早期発見や有害動植物の分布範囲の特定に支障を来し、結果として、有害動植物の分布範囲、防除地域や損害規模が広がり、更には輸出機会が失われることとなり、都道府県の利益のみならず、国全体の利益を損なうことにつながり得る。

このため、令和四年の法改正により、第三章の二が新設され、国が制度設計を行い、都道府県の協力を得つつ、統一的かつ効率的に侵入や分布状況を把握し、緊急防除等の対策につなげるための侵入調査事業の制度と、国による侵入調査事業を補完し、有害動植物の早期発見を図るため、通報義務の規定が設けられた。

（侵入警戒有害動植物）

第十六条の六　この章で「侵入警戒有害動植物」とは、まん延した場合に有用な植物に重大な損害を与え、又は有用な植物の輸出を阻害するおそれがある有害動物又は有害植物であつて、次の各号のいずれかに該当するものとして農林水産大臣が指定するものをいう。

一　国内に存在することが確認されておらず、かつ、国内への侵入を特に警戒する必要があるもの

二　既に国内の一部の地域に存在しており、かつ、国内の他の地域への侵入を特に警戒する必要があるもの

【趣旨・解説】

有害動植物の侵入リスクが高まる中、新たに外国から国内に、又は国内の既発生地域から未発生地域に侵入した有害動植物を早期に発見し、これを早期に、かつ、効率的に防除することにつなげるために、また、植物の輸出に当たっては、当該植物の輸出先国から、国内又は輸出しようとする植物を栽培する一定の地域において、当該輸出先国が警戒する有害動植物が存在していないことを示すことが求められる場合があり、輸出環境を整えるためにも、国内への侵入や国内での分布状況の調査を行う重要性が増している。

このため、まん延した場合に有用な植物に重大な損害を与え、又は有用な植物の輸出を阻害するおそれがある有害動物又は有害植物であって、

①　国内に存在することが確認されておらず、かつ、国内への侵入を特に警戒する必要があるもの

② 既に国内の一部の地域に存在しており、かつ、国内の他の地域への侵入を特に警戒する必要があるもののいずれかに該当するものとして、農林水産大臣が指定するものが侵入警戒有害動植物と定義された（注）。

（注） 侵入警戒有害動植物の範囲は、検疫有害動植物と同様の考え方に基づいて定められている。ただし、既に国内の一部に存在しているものについては、検疫有害動植物のように国際植物防疫条約での条件付け（公的防除がとられていること）がないため、国内での防除措置の対象となっているか否かにかかわらず、対象とすることが可能である。侵入の蓋然性、国や都道府県の調査能力を踏まえ、

① 緊急防除を実施した実績がある有害動植物

② 沖縄県、鹿児島県等の一部地域で発生している移動制限又は移動禁止対象の有害動植物

③ 施行規則別表一に掲げる検疫有害動植物のうち、植物防疫所の病害虫リスク分析によりリスクが高いと評価されたもの等が対象とされた。令和五年現在、侵入警戒有害動植物として施行規則第三五条の一二により、別表八（次頁）に定められている。

第一　有害動物	
(一)　節足動物	Bactrocera cucurbitae（ウリミバエ） Bactrocera dorsalis species complex（ミカンコミバエ種群） Bactrocera tryoni（クインスランドミバエ） Ceratitis capitata（チチュウカイミバエ） Cydia pomonella（コドリンガ） Cylas formicarius（アリモドキゾウムシ） Euscepes postfasciatus（イモゾウムシ） Leptinotarsa decemlineata（コロラドハムシ） Mayetiola destructor（ヘシアンバエ） Tuta absoluta（トマトキバガ）
(二)　線虫	Globodera pallida（ジャガイモシロシストセンチュウ） Globodera rostochiensis（ジャガイモシストセンチュウ） Heterodera schachtii（テンサイシストセンチュウ） Meloidogyne chitwoodi（コロンビアネコブセンチュウ） Meloidogyne enterolobii Radopholus citrophilus（カンキツネモグリセンチュウ） Radopholus similis（バナナネモグリセンチュウ）
(三)　その他無脊椎動物	Achatina fulica（アフリカマイマイ）
(四)　その他	Ditylenchus angustus（イネクキセンチュウ）その他日本に産しない各種の検疫有害動植物であってイネを害するもの
第二　有害植物	
(一)　真菌及び粘菌	Ramularia collo-cygni Synchytrium endobioticum（ジャガイモがんしゅ病菌） Thecaphora solani
(二)　細菌	Acidovorax avenae subsp. citrulli（スイカ果実汚斑細菌病菌） Candidatus Liberibacter africanus（カンキツグリーニング病菌アフリカ型） Candidatus Liberibacter americanus（カンキツグリーニング病菌アメリカ型） Candidatus Liberibacter asiaticus（カンキツグリーニング病菌アジア型） Curtobacterium flaccumfaciens pv. flaccumfaciens（インゲンマメ萎ちょう細菌病菌） Erwinia amylovora（火傷病菌） Spiroplasma citri Xylella fastidiosa
(三)　ウイルス（ウイロイドを含む。）	Columnea latent viroid Pepino mosaic virus Pepper chat fruit viroid Plum pox virus（ウメ輪紋ウイルス） Potato spindle tuber viroid（ジャガイモやせいもウイロイド） Tomato apical stunt viroid Tomato brown rugose fruit virus Tomato chlorotic dwarf viroid（トマト退緑萎縮ウイロイド） Tomato leaf curl New Delhi virus Tomato mottle mosaic virus
(四)　その他	Balansia oryzae-sativae（イネミイラ穂病菌）、Xanthomonas oryzae pv. oryzicola（イネ条斑細菌病菌）その他日本に産しない各種の検疫有害動植物であってイネを害するもの

（侵入調査事業）

第十六条の七　農林水産大臣は、侵入警戒有害動植物の国内への侵入又は国内での分布の状況を調査する事業（以下「侵入調査事業」という。）を行うものとする。

2　都道府県は、農林水産大臣が都道府県の承諾を得て定める計画に従い、侵入調査事業に協力しなければならない。

【趣旨・解説】

前述のとおり、我が国として国内への侵入を特に警戒する必要がある侵入警戒有害動植物の侵入や分布状況の把握のための調査は、都道府県ごとでなく全国的に実施すべきものであり、これを効率的に実施するためには、国が制度設計を行い、調査の実施計画を定め、都道府県が当該実施計画に基づく調査に協力することにより、統一的な調査を実施する仕組みとすることが必要である。

このため、農林水産大臣は、侵入警戒有害動植物の国内への侵入又は国内での分布の状況を調査する事業（侵入調査事業）を行うものとし、都道府県は、農林水産大臣が都道府県の承諾を得て定める計画に従い、侵入調査事業に協力しなければならないこととされた。

これにより、侵入調査事業では、海空港等での調査を植物防疫所が実施し、生産園地での調査を現地の状況に精通した都道府県の協力を得て実施している。

（通報義務）

第十六条の八　侵入警戒有害動植物が、新たに国内に侵入し、又はまん延するおそれがあると認めた者は、遅滞なく、その旨を植物防疫所長又は都道府県知事に通報しなければならない。

【趣旨・解説】

有害動植物が発生する可能性のある土地は、農地を始め、街路、公園、庭園、ゴルフ場、森林等と極めて広範囲に散在しているため、国や都道府県による調査の実施のみで完全に捕捉できるわけではなく、農地等での目撃情報が重要な役割を担っている。

このことを踏まえ、新たに国内又は未発生地域に侵入した有害動植物の早期発見を効率的に行うため、農業者等の農業に直接関与する者であるかどうかにかかわらず、侵入警戒有害動植物が新たに国内に侵入し、又はまん延するおそれがあると認めた者は（注）、遅滞なく、その旨を農林水産大臣又は都道府県知事に通報しなければならないこととされた。

（注）　農業者や研究者等、有害動植物を発見しやすい、又はこれに知見を持つ職業の者などに限定することも考え得るが、昆虫などについては職業にかかわらず専門的知識を持つ一般市民も多く、こうした者からの情報提供が重要な役割を果たすことから、通報義務をかける者については特段限定しないこととされた。

第四章　緊急防除

広大な農地に単一作物（例えば稲麦）が植え付けられる農業形態がとられ、交通機関の急速な発達による国際間あるいは国内における農産物等の活発な移動が進むようになると、それに伴い有害動植物の移動も容易かつ活発化してくる。

有害動植物は、新しい地域に侵入すると原産地では思いもよらない猛威を振るうことがしばしばあった。こうした事態を防ぐために国際植物検疫、国内植物検疫等が実施されているが、不幸にしてこのような網の目をくぐって我が国の農産物等に重大な損害を及ぼすような有害動植物が侵入したり、国内の一部に存在していた有害動植物が何かのきっかけで急に勢力を増してまん延の兆しが出始めた場合、早期に発見して、定着前にこれを駆除し、あるいは狭い範囲内に食い止めて被害を最小限にとどめることは、農業生産の安全のために極めて重要なことである。また、我が国に既に存在している有害動植物のため、諸外国が輸入禁止措置等をとり、我が国の農作物の輸出が阻害される場合があるがこのような場合において、輸出植物検疫のみでは、十分その目的を達することができない場合がある。

このような場合の防除対策は、以前から広く分布している有害動植物の防除対策とは異なり、その時の発生状況や被害の程度に関係なく、また私人の防除を待つことなく、組織的かつ強力に実施しないと目的を達成することができない。このような場合の防除対策が緊急防除の制度である。緊急防除の制度は、植物防疫法において初めて法制化されたものである。

（防除）

第十七条　新たに国内に侵入し、若しくは既に国内の一部に存在している有害動物若しくは有害植物がまん延して有用な植物に重大な損害を与えるおそれがある場合、又は有害動物若しくは有害植物により有用な植物の輸出が阻害されるおそれがある場合において、これを駆除し、又はそのまん延を防止するため必要があるときは、農林水産大臣は、この章の規定により、防除を行うものとする。ただし、森林病害虫等について、別に法律で定めるところにより防除が行われる場合は、この限りでない。

2　農林水産大臣は、前項の規定による防除を行うには、その三十日前までに次の事項を告示しなければならない。

一　防除を行う区域及び期間

二　有害動物又は有害植物の種類

三　防除の内容

四　その他防除の実施に関し必要な事項

【趣旨】

緊急防除は、①新たに国内に侵入し、若しくは既に国内の一部に存在している有害動植物がまん延して有用な植物に重大な損害を与えるおそれがある場合、又は②有害動植物により有用な植物の輸出が阻害されるおそれがある場合において、これを駆除し、又はまん延を防止するため必要があるときは、農林水産大臣が、その三〇日前までに、防除区域及び期間、対象有害動植物の種類、防除の内容等を告示して行うことを規定している。

【解説】

一　緊急防除の発動

緊急防除の制度は、およそ有用な植物を害する有害動植物は、全て対象とすることとしているが、森林病害虫等については、森林病害虫等防除法が制定されており、同法で定めるところにより防除が行われる場合は、発動されないこととしている（法第一七条第一項ただし書）。

我が国は、私有財産制を建前とし、私人の自由な活動を認めているのであるが、緊急防除を実施し、有害動植物の駆除あるいはまん延の防止を実効的に行うためには、どうしても、私人に認められた財産権の内容を制限せざるをえない。現代においては、財産権の内容も、公共の福祉に従うこととされているが、緊急防除においても、財産権の内容により生ずる社会的な制約を超えて制約しないと、十分な効果が得られない場合が予想されるため、財産権の内容を制限する諸種の命令を発し得ることとするとともに、これに伴い生ずる損失を補償することとし、その調整を図ることとした。

過去、本節による緊急防除が発動された例は、一七回ある。

(一) 奄美群島における有害動植物の緊急防除（昭和二八年～四七年）

これは、昭和二八（一九五三）年に奄美群島が日本に復帰したことに伴い、同群島から搬出される植物が国際植物検疫の対象とはならなくなったことから、同群島に存在するミカンコミバエ、アリモドキゾウムシ等の有害動植物のまん延を防止するため、それらの寄主植物の移動を制限したものである。

同群島については、奄美群島の復帰に伴う農林省関係法令の適用の暫定措置等に関する政令（昭和二八年政令第四一一号）第八条の規定に基づき法第一七条第二項の告示をせずに法第一八条第一項の命令をすることができるとされ、これを受けて、奄美群島における有害動植物の緊急防除に関する省令（昭和二八年農林省令第七六号）が定められた。

この省令は、沖縄の本土復帰に伴い昭和四七年に植物防疫法に植物等の移動の制限及び禁止のための規定が設けられ、同群島がこれの対象地域となったことから、同年五月一五日に廃止された。

(二) じゃがいもがの緊急防除（昭和二九年～四〇年）

じゃがいもがはジャガイモ、タバコ、トマト等のナス科植物の重要な害虫である。同虫は以前は我が国に発生していなかったためその寄主植物の輸入が禁止されていたが、第二次大戦後駐留軍需品に我が国の植物検疫が及ばなかった時代に駐留軍の食糧として輸入されたジャガイモに付着して侵入したものと思われる同虫の発生が、昭和二九（一九五四）年広島県下で確認された。

同虫の緊急防除は告示（昭和二九年農林省告示第六六七号）及びじゃがいもがの緊急防除に関する省令（昭和二九年農林省令第六八号）により行われたが、その後、福岡県、長崎県等でも同虫の発生が確認されたため、告示及び省令の内容が何度か改められ、それに応じて緊急防除が実施された。しかし、結局同虫の根絶は成功せず、昭和四〇（一九六五）年三月三一日、告示及び省令の失効とともに緊急防除は終了した。

㈢　ミカンネモグリセンチュウの緊急防除（昭和四二年）

昭和四一（一九六六）年一〇月、東京都八丈町で、ハワイから輸入された観葉植物であるアンスリウムに付着して侵入したと思われるミカンネモグリセンチュウが発見された。同虫は我が国の主要果樹であるミカン等の大害虫であるため、昭和四二（一九六七）年二月、告示（農林省告示第二九二号）及びミカンネモグリセンチュウの緊急防除に関する省令（昭和四二年農林省令第一号）が定められ、緊急防除が実施された。

当初は防除区域内の全ての寄主植物が移動禁止措置の対象とされていたが、その後、調査の結果、同虫の発生範囲が確定されたこと等から、同年七月に省令が改正され（昭和四二年農林省令第三二号）、植物防疫官が個別に指定するもののみが移動禁止の対象となった。この緊急防除は、同年一二月三一日に終了した。

㈣　アリモドキゾウムシの緊急防除（昭和四〇年）

昭和四〇年鹿児島県内の開聞町（指宿郡）で、さつまいもの大害虫であるアリモドキゾウムシが発生した。

このため、同年九月、法第一八条第二項の規定に基づき農林大臣による緊急措置命令が発せられ（昭和四〇年九月九日付け四〇農政B第二一五四号）、同虫の防除が実施された。

㈤　小笠原諸島における有害動物の緊急防除（昭和四三年〜四七年）

これは、昭和四三（一九六八）年に小笠原諸島が日本に復帰したことに伴い、同諸島に存在するミカンコミバエ、アリモドキゾウムシ等の有害動物の伝播、まん延を防止するため、それらの寄主植物の移動を制限したものである。

同諸島については、奄美群島の復帰の際の措置と同様に、小笠原諸島の復帰に伴う農林省関係法令の適用の暫定措置に関する政令（昭和四三年政令第二〇五号）第二条の規定により告示は定められず、小笠原諸島における有害動物の緊急防除に関する省令（昭和四三年農林省令第四一号）により緊急防除が実施された。

この省令は、同諸島が沖縄の本土復帰に伴い設けられた植物防疫法に基づく移動制限等の対象地域となったことから、昭和四七（一九七二）年五月一五日に廃止された。

(六)　アリモドキゾウムシの緊急防除（平成三年～一〇年）

平成二（一九九〇）年一一月、鹿児島県の種子島（西之表市）で、アリモドキゾウムシの発生が確認された。

このため、平成三（一九九一）年一月、告示（平成三年農林水産省告示第二三号）及びアリモドキゾウムシの緊急防除に関する省令（平成三年農林水産省令第一号）が定められ、緊急防除が実施された。

この緊急防除は、平成一〇（一九九八）年一二月三一日に終了した。

(七)　アリモドキゾウムシの緊急防除（平成六年～七年）

平成六（一九九四）年九月、鹿児島県の山川町で、アリモドキゾウムシの発生が確認された。

このため、同年九月、告示（平成六年農林水産省告示第一三四二号）及びアリモドキゾウムシの緊急防除に関する省令の一部を改正する省令（平成六年農林水産省令第五九号）が定められ、緊急防除が実施された。

この緊急防除は、平成七年一二月三一日に終了した。

(八)　ナシ枝枯細菌病菌の緊急防除（平成七年～一一年）

平成七年八月、北海道の旭川市、岩見沢市、栗沢町及び増毛町でナシ枝枯細菌病の発生が確認された。

このため、同年九月、告示（平成七年農林水産省告示第一四七六号）が定められ、同年一〇月、法第一八条第二項の規定に基づき農林水産大臣による緊急措置命令が発せられ（平成七年一〇月六日付け七農蚕第六三九三号）、同年一〇月、ナシ枝枯細菌病菌の緊急防除を行うために必要な措置に関する省令（平成七年農林水産省令第五五号）が定められ、緊急防除が実施された。

この緊急防除は、平成一一年一〇月二七日に終了した

(九)　アリモドキゾウムシの緊急防除（平成八年～一〇年）

平成八年一一月、高知県の室戸市で、アリモドキゾウムシの発生が確認された。

このため、平成九年八月、告示（平成八年農林水産省告示第一三七五号）及びアリモドキゾウムシの緊急防除に関する省令の一部を改正する省令（平成八年農林水産省令第四三号）が定められ、緊急防除が実施された。

この緊急防除は、平成一〇年一二月三一日に終了した。

㈩　アリモドキゾウムシ及びイモゾウムシの緊急防除（平成一〇年～一六年）

平成九年一二月、鹿児島県の屋久島で、イモゾウムシの発生が確認されたことを受け、島内全域で発生状況調査が行われた結果、アリモドキゾウムシの発生も確認された。

このため、平成一〇年六月、アリモドキゾウムシについては、告示（平成一〇年農林水産省告示第九二〇号）及びアリモドキゾウムシの緊急防除に関する省令の一部を改正する省令（平成一〇年農林水産省令第三六号）が、イモゾウムシについては、告示（平成一〇年農林水産省告示第九二一号）及びイモゾウムシの緊急防除に関する省令（平成一〇年農林水産省令第三七号）が定められ、緊急防除が実施された。

その後の防除により、両虫ともに根絶が確認され、アリモドキゾウムシについては平成一二（二〇〇〇）年一二月三一日、イモゾウムシについては平成一六年五月三一日に緊急防除は終了した。

㈡　カンキツグリーニング病の緊急防除（平成一九年～二四年）

昭和六三（一九八八）年、沖縄県の西表島で、カンキツグリーニング病が確認されて以降、沖縄県各地で発生が確認され、平成一四年には鹿児島県の与論島、沖永良部島、徳之島及び喜界島で発生が確認された。このうち本病の発生地域の最北端に位置し、発生が一部の地域に限られた喜界島を対象として、平成一九（二〇〇七）年三月、告示（平成一九年農林水産省告示第二六八号）及びカンキツグリーニング病菌の緊急防除に関する省令（平成一九年農林水産省令第八号）が定められ、緊急防除が実施された。

この緊急防除は、平成二四（二〇一二）年三月一九日に終了した。

㈢　アリモドキゾウムシ及びイモゾウムシの緊急防除（平成二一年～二四年）

平成一八年八月、鹿児島県指宿市で、アリモドキゾウムシが確認されたことを受け、周辺の調査を行った結果、その発生面積が狭かったことから、自治体による防除で根絶を目指したが、平成二〇年に新たな地域で本虫が確認されたことに加え、イモゾウムシの発生も確認された。

このため、平成二一（二〇〇九）年七月、告示（平成二一年農林水産省告示第九六八号）及びイモゾウムシ及びアリモドキゾウムシの緊急防除に関する省令（平成二一年農林水産省令第四六号）が定められ、緊急防除が実施された。

この緊急防除は、平成二四年三月一九日に終了した。

㈢　ウメ輪紋ウイルスの緊急防除（平成二二年～令和三年）

平成二一年四月、東京都青梅市で、ウメ輪紋ウイルス（プラムポックスウイルス）の発生が確認された。

このため、平成二二（二〇一〇）年一月、告示（平成二二年農林水産省告示第一八八号）及びプラムポックスウイルスの緊急防除に関する省令（平成二二年農林水産省令第四号）が定められ、緊急防除が実施された。当初は東京都のみの発生であったが、その後の調査により、新たな地域で本ウイルスが確認されたことから、平成二五年に兵庫県と大阪府、平成二六年に愛知県、平成二九年に神奈川県と岐阜県が防除区域に追加された。

緊急防除を行った結果、発生地域内の本ウイルスの感染割合が大幅に低下した状況においては、通常のアブラムシ防除を実施していれば、まん延防止は可能と判断され、また、宿主植物であるウメ、モモ等の果実等に経済的被害を及ぼす可能性は低いという傾向が示されたことを踏まえ、令和三（二〇二一）年三月三一日、告示及び省令の失効とともに緊急防除は終了した。

㈣　ミカンコミバエ種群の緊急防除（平成二七年～二八年）

平成二七（二〇一五）年九月以降、鹿児島県の奄美大島で、南部を中心にミカンコミバエ種群の誘殺が多数確認されたことを踏まえ、防除対策を強化し、本虫の定着防止を図っていたが、その後も誘殺が多数確認された。

このため、平成二七年一一月、告示（平成二七年農林水産省告示第二五〇九号）及びミカンコミバエ種群の緊急防除に関する省令（平成二七年農林水産省令第八〇号）が定められ、緊急防除が実施された。

この緊急防除は、平成二八年七月一四日に終了した。

㈤　ジャガイモシロシストセンチュウの緊急防除（平成二八年〜）

平成二七年八月、北海道網走市で、ジャガイモシロシストセンチュウの発生が確認された。

このため、平成二八年九月、告示（平成二八年農林水産省告示第一八二七号）及びジャガイモシロシストセンチュウの緊急防除に関する省令（平成二八年農林水産省令第六一号）が定められ、緊急防除が実施されている。当初は北海道網走市のみの発生であったが、その後の調査により、新たな地域で本線虫が確認されたことから、平成二九年に大空町、令和二年に清里町と斜里町が防除区域に追加された。

このうち、大空町においては、全てのほ場で本線虫が確認されなくなったことから、令和二年に防除区域から除外されている。

㈥　テンサイシストセンチュウの緊急防除（平成三〇年〜）

平成二九年九月、長野県諏訪郡原村で、テンサイシストセンチュウの発生が確認された。

このため、平成三〇年三月、告示（平成三〇年農林水産省告示第六〇八号）及びテンサイシストセンチュウの緊急防除に関する省令（平成三〇年農林水産省令第一二号）が定められ、緊急防除が実施されている。当初は長野県諏訪郡原村のみの発生であったが、その後令和元年に茅野市と諏訪郡富士見町が、令和四年に長野県南佐久郡川上村及び南牧村、並びに山梨県北杜市で発生が確認されたことから、発生状況等を踏まえ、令和五年に川上村と南牧村が防除区域に追加された。

㈦　アリモドキゾウムシの緊急防除（令和五年〜）

令和四年一〇月、静岡県浜松市で、アリモドキゾウムシが確認された。

このため、令和五年二月、法第一八条第二項の規定に基づき農林水産大臣による緊急措置命令が発せられ（令和五年二月一〇日付け農林水産省指令四消安第六二三九号）、所有者を確知できない土地における防除が実施されるとともに、同年二月、告示（令和五年農林水産省告示第二七七号）及びアリモドキゾウムシの緊急防除に関する省令（令和五年農林水産省令第九号）が定められ、緊急防除が実施されている。

二　告示

緊急防除は、非常に公共的性格の強いものである反面、強権的に私人の権利を制限し、私人に特別の義務を課するものであることに鑑み、あらかじめ予告して、ある程度の予備期間を設けるとともに、緊急防除の趣旨等を周知させなければ、その円滑な実施を図ることはできない。このため、農林水産大臣は、緊急防除を行うには、その三〇日前までに次の事項を告示しなければならないこととした（法第一七条第二項）。

① 防除を行う区域及び期間
② 有害動物又は有害植物の種類
③ 防除の内容
④ その他防除の実施に関し必要な事項

このように緊急防除を行うに当たって、三〇日間の予備期間を設けたが、この期間は、告示に基づき行われる実際の防除活動を禁じたものであり、その他の準備作業等までも禁じたものではない。この期間内における移動禁止の対象となる寄主植物等を防除区域外に持ち出す等の緊急防除に対する阻害行為の取締規定がないが、場合によっては、法第四条に基づく植物防疫官の権限によるほかない。

なお、この告示で示された範囲外の措置をとるためには（例えば防除対象区域の拡大）、改めて三〇日前までに告示をしなければならない。

（緊急防除実施基準）

第十七条の二　農林水産大臣は、前条第一項の規定による防除の対象となる有害動物又は有害植物のうち、まん延した場合に有用な植物に重大な損害を与えるおそれが高く、かつ、行うべき防除の内容が明らかであると認められるものとして農林水産省令で定めるものについて、同項の規定による防除の実施に関する基準（以下この条において「緊急防除実施基準」という。）を定めることができる。

2　緊急防除実施基準においては、次に掲げる事項を定めるものとする。

一　有害動物又は有害植物の種類

二　有害動物又は有害植物の発生状況に関する調査の方法

三　防除の内容

四　その他防除の実施に関し必要な事項

3　農林水産大臣は、緊急防除実施基準を定め、又はこれを変更しようとするときは、有害動物又は有害植物の性質に関し専門の学識経験を有する者の意見を聴かなければならない。

4　農林水産大臣は、緊急防除実施基準を定め、又はこれを変更したときは、遅滞なく、これを公表するものとする。

5　農林水産大臣は、緊急防除実施基準に従つて前条第一項の規定による防除を行うときは、同条第二項の規定にかかわらず、同項の期間を十日まで短縮することができる。

【趣旨・解説】

この条は、あらかじめ作成した緊急防除実施基準に従って緊急防除を行うときは、早期に緊急防除を開始することができるようにするため、令和四年の改正により設けられた規定である。

一　緊急防除実施基準

緊急防除実施基準は、早期に防除を実施する観点から、できるだけ多くの有害動植物について定められることが望ましい。他方で、これまでの病害虫リスク分析や緊急防除の実施により蓄積された知見を踏まえて防除の内容等が確立された有害動植物以外の有害動植物について、防除の内容をあらかじめ策定することは困難である。このため、農林水産大臣は、緊急防除の対象となる有害動植物のうち、まん延した場合に有用な植物に重大な損害を与えるおそれが高く、かつ、行うべき防除の内容が明らかであると認められるものを農林水産省令で指定（注）し、これについて次の事項からなる緊急防除実施基準を定め、公表することができることとした（法第一七条の二第一項、第二項、第四項）。

①　有害動植物の種類
②　有害動植物の発生状況に関する調査の方法
③　防除の内容
④　その他防除の実施に関し必要な事項

緊急防除は非常に公益性の高いものであり、強権的に私人の権利を制限し、私人に特別の義務を課すものであることから、その措置が必要な限度で、かつ、科学的に妥当なものであることを担保するため、緊急防除実施基準の作成又は変更に当たっては、有害動植物の性質に関し専門の学識経験を有する者の意見を聴かなければならないこととされた（法第一七条の二第三項）。

（注）令和五年現在、下表の有害動植物が指定され（施行規則第三五条の一三、別

第一　有害動物
Bactrocera cucurbitae（ウリミバエ） Bactrocera dorsalis species complex（ミカンコミバエ種群） Bactrocera tryoni（クインスランドミバエ） Ceratitis capitata（チチュウカイミバエ） Cydia pomonella（コドリンガ） Cylas formicarius（アリモドキゾウムシ） Euscepes postfasciatus（イモゾウムシ）
第二　有害植物
Candidatus Liberibacter africanus（カンキツグリーニング病菌アフリカ型） Candidatus Liberibacter americanus（カンキツグリーニング病菌アメリカ型） Candidatus Liberibacter asiaticus（カンキツグリーニング病菌アジア型） Erwinia amylovora（火傷病菌）

表九）、それぞれ緊急防除実施基準（農林水産大臣告示）が定められている。

二　緊急防除実施基準に従った緊急防除の実施

緊急防除実施基準を定めた場合であっても、緊急防除が非常に公共的性格の強いものである一方、強権的に私人の権利を制限し、私人に特別の義務を課するものであることに鑑み、防除の対象となる区域、期間等を明らかにするため、防除開始前にこれらを定めて告示を行う必要がある。

他方、緊急防除実施基準によって、あらかじめ対象となる有害動植物の種類及び防除の内容等が示されることにより、都道府県等において事前の体制整備が促されることが期待される。

このため、具体的な防除区域及び期間を農業者等に周知するには一定の期間があれば足りることから、緊急防除実施基準に従って緊急防除を行うときは、告示後に緊急防除を開始するまでの期間を一〇日まで短縮することとされた（法第一七条の二第五項）。

（防除の内容）

第十八条　農林水産大臣は、第十七条第一項の規定による防除を行うため必要な限度において、次に掲げる命令をすることができる。

一　有害動物又は有害植物が付着し、又は付着するおそれがある植物を栽培する者に対し、当該植物の栽培を制限し、又は禁止すること。

二　有害動物若しくは有害植物又はこれらが付着し、若しくは付着しているおそれがある植物、土、農機具若しくは運搬用具その他の物品若しくはこれらの容器包装の譲渡又は移動を制限し、又は禁止すること。

三　有害動物若しくは有害植物又はこれらが付着し、若しくは付着しているおそれがある植物若しくは土若しくはこれらの容器包装を所有し、又は管理する者に対し、当該有害動物若しくは有害植物又は当該植物若しくは土若しくはこれらの容器包装の消毒、除去、廃棄その他の必要な措置を命ずること。

四　有害動物又は有害植物が付着し、又は付着しているおそれがある農機具、運搬用具その他の物品又は倉庫その他の施設を所有し、又は管理する者に対し、その消毒その他の必要な措置を命ずること。

2　第十七条第一項の場合において、緊急に防除を行う必要があるため同条第二項又は前条第五項の規定によるいとまがないときは、農林水産大臣は、その必要の限度において、第十七条第二項の規定による告示をしないで、前項各号の命令をし、又は植物防疫官に有害動物若しくは有害植物若しくはこれらが付着し、若しくは付着しているおそれがある植物若しくは土若しくはこれらの容器包装の消毒、除去、廃棄その他の必要な措置若しくは有害動物若しくは有害植物が付着し、若しくは付着しているおそれがある農機具、運搬用具その他の物品若しくは倉庫その他の施設の消毒その他の必要な措置をさせることができる。

【趣旨・解説】

緊急防除を行い、有害動植物の駆除あるいはそのまん延を防止するためには、法第一七条第一項の規定に基づき国が自ら防除を行うだけでなく、その防除を更に実効あるものにするための措置を講じることが必要となる場合も生じる。法第一八条においては、農林水産大臣にこのための諸種の権限を与えた。

一　緊急防除の命令の内容

農林水産大臣は、緊急防除を行うため必要な限度において、次の㈠から㈣に掲げる命令を発することができる（法第一八条第一項）。

㈠　有害動物又は有害植物が付着し、又は付着するおそれがある植物を栽培する者に対し、当該植物の栽培を制限し、又は禁止すること（法第一八条第一項第一号）。

植物の栽培による有害動植物の伝播又は繁殖を防止しようとするものである。

二号以下と比べ、その植物の範囲が広く、「付着し、又は付着するおそれがある」とし、その寄主植物は、およそ対象とし得ることとしているが、これは栽培の制限（又は禁止）の性質によるものである。「栽培を制限する」とは、消毒した植物のみ認めるとか、栽培地域を限るとか、栽培について制約したり、条件を付したりすることである。「栽培」とは、食用、薬用、観賞用等に利用する目的で植物を植え育てることであるが、植付けをもって栽培行為に着手したものと解される。

㈡　有害動物若しくは有害植物又はこれらが付着し、若しくは付着しているおそれがある植物、土、農機具若しくは運搬用具その他の物品若しくはこれらの容器包装の譲渡又は移動を制限し、又は禁止すること（第二号）。

有害動植物そのものや、植物、土、農機具若しくは運搬用具その他の物品又はこれらの容器包装を譲渡したり、移動したりすることによる有害動植物の伝播、まん延を防止することを趣旨とする。譲渡とは、他人に当該植物等の所有権を移転することであり、有償であるか無償であるかを問わない。

物品とは、主として有体物たる動産を指す。この場合の「容器包装」には、現実に植物の容器包装となっているものだけでなく、過去に植物の容器となったり、包装用として使用された材料等当該有害動植物が付着し、又は付着しているおそれがあるものも含まれる。

本号の対象となる植物、土、農機具若しくは運搬用具その他の物品又は容器包装は「有害動植物が付着し、又は付着しているおそれがある」もので、付着するおそれがあるものまでは含ましめていない。これは、譲渡あるいは移動を制限又は禁止したのは、これらの行為による有害動植物の伝播を防止するためであることによる。有害動植物が付着しているか否かは、現実問題としてその判別は困難な場合が多いと考えられるが、諸般の事情から判断して現実に付着している可能性があればよいと思われる。また、必ずしも個別的に判別する必要はないものと解される。

(三) 有害動物若しくは有害植物又はこれらが付着し、若しくは付着しているおそれがある植物若しくは土若しくはこれらの容器包装を所有し、又は管理する者に対し、当該有害動物若しくは有害植物又は当該植物若しくは土若しくはこれらの容器包装の消毒、除去、廃棄その他の必要な措置を命ずること（第三号）。

主として有害動植物の駆除を目的とする命令である。

「管理する者」も対象としたのは、所有者にさせるのが本則としても、所有者が分かりにくい場合、遠方にいる場合等においては目的が達せられないため、管理者に、当該管理の範囲を超えた処分をさせることを可能としたものである。処分の内容は、消毒、除去及び廃棄のほか該当物件の場所を移動させるなどの措置がある。

(四) 有害動物又は有害植物が付着し、又は付着しているおそれがある農機具、運搬用具その他の物品又は倉庫その他の施設を所有し、又は管理する者に対し、その消毒その他の必要な措置を命ずること（第四号）。

本号は、主として本有害動植物の駆除及び伝播を防止するためのものである。物品とは、主として有体物たる動産を指し、施設とは、主として一定の目的のために設けられた土地及び家屋その他の建設物を指す。処分の内容は、消毒のほか防除に用いた農機具の流水洗浄などの措置がある。

以上が農林水産大臣の権限に属せられたものである。本項の命令は、それぞれの緊急防除の態様に応じ、発せられるものであるが、それは、法第一七条第二項の告示に係るものであることを要し、かつ、当該緊急防除を行うため必要な最小限度のものでなければならない。命令の形式は、過去の緊急防除の例からも分かるように、個別的な行政処分に限らず法規命令の場合も許されると解されている。本項に基づく命令で、代替的行為義務を課すものについては、その不履行に対しては、行政代執行法（昭和二三年法律第四三号）に定めるところにより代執行を行うことができる。

本項の規定による命令に違反した者は、三年以下の懲役又は一〇〇万円以下の罰金に処する（法第四〇条第三号）。

二　緊急措置命令

緊急防除は、通常の防除と異なり、私人の財産権を制限したり、特別の義務を課したりしなければ、その目的を達成することができないものである。このため、前もって、緊急防除の対象となる地域、緊急防除のためにとる措置等を公表し、相手方等に周知させておくことが、公益と私益の調和を図る点からみても、また緊急防除を円滑に行う点からいっても望ましい。しかしながら、三〇日間（緊急防除実施基準が定められているものについては一〇日間まで短縮できる。）の予備期間をおいて実施するのでは、危険な有害動植物を駆除し、あるいはそのまん延を防止し難い場合がある。このような場合にまで告示の手続を踏むことは、かえって緊急防除の狙いを殺すことになる。そこで、法第一八条第二項においては、告示をしないで、直接緊急防除を行い得る道を設けた。

本項により農林水産大臣が行使し得る権限は、次のものである。

㈠　第一八条第一項各号の命令（一の㈠から㈣までを参照）

㈡　植物防疫官に

①　有害動物若しくは有害植物若しくはこれらが付着し、若しくは付着しているおそれがある植物若しくは土若しくはこれらの容器包装の消毒、除去、廃棄その他の必要な措置（一の㈢を参照）若しくは

②　有害動物若しくは有害植物が付着し、若しくは付着しているおそれがある農機具、運搬用具その他の物品若しくは倉

庫その他の施設の消毒その他の必要な措置（一の㈣を参照）をさせること。

㈡は、本項による防除の趣旨から見て、特に緊急なものであるため、所有者又は管理者に命じてその措置を待つ余裕がない場合等に、植物防疫官に防除を行わせ得ることとしたものである。

この制度を導入した当時は、栽培規制、移動規制、物品・倉庫等の消毒によらずとも、迅速に消毒・除去・廃棄によりまん延の防止が図られると考えられていたことから、緊急でいとまがない場合に農林水産大臣が行うことができる命令や植物防疫官に行わせることができる措置は、植物等の消毒、除去又は廃棄のみに限定されていた。しかしながら、有害動植物のリスク分析等を踏まえ、新たに国内に侵入した場合に重大な損害を与えるおそれがあることが予測されている有害動植物の中には、まん延速度が速いことにより、緊急措置として行えることが植物等の消毒・除去・廃棄のみでは不十分なものもあることが分かった（注）。このため、令和四年の改正で、本項の命令の内容に、法第一八条第一項第三号（植物等の消毒、除去又は廃棄）の措置に加え、同項第一号（栽培規制）、第二号（移動規制）、第四号（物品、倉庫等の消毒）の措置が、植物防疫官にさせることができる措置に、第四号（物品、倉庫等の消毒）の措置が追加された。

本項による措置は、法第一七条第二項の告示の手続をとるいとまがないときに必要の限度においてとることができるものであり、この告示の手続をとりつつ、本項による緊急措置命令を発することもできるものと解する。

本項による農林水産大臣の命令は、緊急措置命令書を交付して行う（施行規則第三六条）。本項による命令に違反し、又は植物防疫官の行う処分を拒み、妨げ、若しくは忌避した者は、一年以下の懲役又は五〇万円以下の罰金に処する（法第四一条第六号）。

（注）　ジャガイモシロシストセンチュウ等のように、寄主植物を栽培することで密度が急激に増加することにより、周辺のまん延リスクを高めてしまう有害動植物には、早期に作付けの制限を実施すること、カンキツグリーニング病菌のように、感染した植物の持ち出しや、媒介虫（ミカンキジラミ等）により急激に周辺へまん延するリスクが高まる有害動植物には、早期に寄主植物の移動制限を行うこと、火傷病菌等のように、汁液等が接触することにより急速にまん延する有害動植物には、防除作業

に使用した防護衣や手袋等の速やかな消毒を行うことがそれぞれまん延を防止するために有効な対策であることが明らかとなっている。

（協力指示）

第十九条　第十七条第一項の防除を行うため必要があるときは、農林水産大臣は、地方公共団体、農業者の組織する団体又は防除業者に対し防除に関する業務に協力するよう指示することができる。

2　前項の場合には、協力指示書を交付しなければならない。

3　第一項の規定による指示に従い防除が行われたときは、国は、その費用を弁償しなければならない。

【趣旨・解説】

緊急防除は、国が責任をもって行うものである。しかしながら、早急にかつ的確に防除を行うためには、地域の実情あるいは防除業務に通じたものの協力を得ることが緊要であることから、協力指示についての規定を設けている。

農林水産大臣は、防除を行うため必要があるときは、都道府県、市町村、農協及び共済組合等の農業者の組織する団体、防除業者等に防除に関する業務に協力させることができることとし（法第一九条第一項）、これに協力させたときは、国は、その費用を弁償することとしている。

協力させる場合には、協力の内容等を明らかにした協力指示書を交付して行わねばならない（同条第二項）。

協力指示書の交付を受けた者は、当該協力指示書に記載された防除に関する業務の完了後一箇月以内に協力成績書を農林水産大臣に提出しなければならない（施行規則第三八条）。

以上により、防除に協力した者には、国がその費用を弁償する（法第一九条第三項）。費用の弁償を受けようとするときは、協力指示書に記載された防除に関する業務の完了後一箇月以内に費用請求書に費用の支出を証明する書類を添えて、これを農林水産大臣に提出しなければならない（施行規則第三九条）。この協力命令は、緊急を要し、私法上の手段により難い場合に、本人の意思いかんにかかわらず、強制的に役務を提供させるものであるので、その負担を合理的に調整するためこのように国が費用弁償をなすこととした。したがって、協力するのに要した経費は、全て含むこととなる。

（損失の補償）

第二十条　国は、第十八条の処分により損失を受けた者に対し、その処分により通常生ずべき損失を補償しなければならない。

2　前項の規定により補償を受けようとする者は、補償を受けようとする見積額を記載した申請書を農林水産大臣に提出しなければならない。

3　農林水産大臣は、前項の申請があつたときは、遅滞なく、補償すべき金額を決定し、当該申請人に通知しなければならない。

4　農林水産大臣は、前項の規定により補償金額を決定するには、少くとも一人の農業者を含む三人の評価人をその区域から選び、その意見を徴しなければならない。

5　第一項の規定による補償を伴うべき処分は、これによつて必要となる補償金の総額が国会の議決を経た予算の金額をこえない範囲内でしなければならない。

6　第三項の補償金額の決定に不服がある者は、その決定の通知を受けた日から六箇月以内に、訴えをもつてその増額を請求することができる。

7　前項の訴えにおいては、国を被告とする。

【趣旨】

緊急防除は、通常の防除と異なり、その経済的な採算、私人の意思いかん等にかかわらず公益的な立場から、強制的な権限を発動して行うものである。また、緊急防除は、原則として、命令に基づいて行うのではあるが、私人にその防除措置を行わせる構成をとった。この私人が行う防除措置等は、農業者等が行う通常の農作物等の管理に準ずる以上の防除措置である。このため、法第二〇条においては、法第一八条の処分により損失を受けた者に対し、その処分により通常生ずべき損失を補償する義務を国に課した。

直接比較することはできないが、旧法たる害虫駆除予防法第七条においては、「駆除予防ノ必要ヨリ生シタル損害ニ対シ被害者ハ賠償ヲ要求スルコトヲ得ス」と補償しないこととしていた。現憲法においては、「財産権は、これを侵してはならない。」（第二九条第一項）と財産権の不可侵を保障するとともに、「私有財産は、正当な補償の下に、これを公共のために用ひることができる。」（同条第三項）として、財産権保障の実質を確保することとした。

ここで、「公共のために用ひる」とは、直接には公用収用、公用使用などを指すのであろうが、かような場合だけに限らず、広い意味で公共のために私人に財産上の特別の犠牲を負わしめる場合には、憲法の趣旨に沿って正当な補償を必要とするものと解されている。

補償とは、国がその活動により、直接又は間接に個人に被らせた損失を填補することであるが、いかなる場合をもって補償を要する財産権の侵害とみるかは、極めて難しい。このことについては、従来様々の議論がなされてきたところであるが、一応次のような場合であると考えられる。国権の適法な行為により生じた個人の損失をその者の負担にしておくことが適当ではなく、このような負担を全体の負担に転嫁するのを適当とする場合であり、それは、公共の必要性に基づき、特定の者に、特別の損失を生じしめる場合、このような特別の犠牲を全体の負担に解消するのが適当とされる場合である。つまり、財産権に内在する社会的拘束の範囲を超える特別の犠牲を負わしめる場合は、補償の対象となる。ただ、実際問題として、具体的な負担について、それが一般的社会的制約の範囲内にとどまるものか、それとも補償を要する特別の犠牲といえるものとみるべきか難しいものがある。さらに、補償を認める場合においても具体的にどの程度の補償が「正当かつ完全な補償」に該当するかを決めることは、なおさら困難である。植物防疫法は、「通常生ずべき損失」を補償すべきものとしているが、それがどの範囲のものかについて具体的基準を示さなかったので、具体的な場合にあたって判断するほかない。

「通常生ずべき損失」とは、一般的には、特定人の個別的、特殊的事情に基づく損失を除いて、客観的社会的にみて、特定人について生ずることの通常予測し得る損失をいう。

したがって、その損失が、具体的かつ客観的に評価し得る明確なものである場合は、その損失となる。例えば法第一八条第三項等の消毒の場合、その消毒に要した人夫費、薬剤費等のうち当該財産の通常の維持、運用に必要な経費を除いたものである。廃棄の場合は、廃棄の対象となる物の客観的な価値も加えられるわけである。なお、消毒措置等により、利益が生ずるならば、その利益は、損失と相殺されることになろう。

その損失が一般的でかつ損失が明確でないような場合は、その全てについて補償を要する必要はなく、ある程度客観的に評価し、かつ、それによって、保障された財産権のはく奪あるいはその実質を失わしめることとなるような場合に、その損失について補償すべきである。

植物防疫法においては、前に述べたとおり通常生ずべき損失として、具体的基準を掲げていないが、この反面、農林水産大臣が補償金額を決定する場合の手続を定めて（法第二〇条第四項）、適正な評価を確保している。これまでの緊急防除において、直接本条の規定による損失補償はなされたことはなく、消毒に要する薬剤費等を補助する、被害植物を買い上げて廃棄する等の実質的な解決を図っている。

農林水産大臣は、補償を伴うべき処分は、これによって必要となる補償金の総額が国会の議決を経た予算の金額をこえない範囲内でしなければならない（法第二〇条第五項）。

【解説】

一　申請手続

補償を受けようとする者は、補償を受けようとする見積額を記載した申請書を農林水産大臣に提出しなければならない（法第二〇条第二項）。

二　補償額の決定

農林水産大臣は、一の申請があったときは、遅滞なく、補償すべき金額を決定し、当該申請人に通知しなければならない

（法第二〇条第三項）。農林水産大臣は、補償金額を決定するには、少なくとも一人の農業者を含む三人の評価人をその区域から選び、その意見を徴しなければならない（法第二〇条第四項）。補償金額の決定については、当事者の一方である農林水産大臣の権限としたが、行政庁の独善を防ぎ、当事者間の協議に代わるものとして、その地域の実情あるいは当該物件の価値等に詳しい者を評価人とし、その意見を徴しなければならないものとした。

「その区域」とは、「防除を行う区域」（法第一七条第二項第一号）のことであるが、法第一八条第二項の緊急措置命令による処分の場合は、評価人をどこから選ぶべきか明らかでないが、法の趣旨から見て、当該処分により損失を受けた者の居住する地域の農業実情等に詳しい人の中から選ぶべきであろう。（家畜伝染病予防法（昭和二六年法律第一六六号）に同様の例がある。）

三　決定に不服の場合（注）

補償金額の決定に不服がある者は、その決定の通知を受けた日から六箇月以内に、訴えをもってその増額を請求することができる（法第二〇条第六項）。この訴えにおいては、国を被告とする（同条第七項）。

（注）　これについては、第三六条の解説の三を参照。

（報告義務）

第二十一条　都道府県知事は、新たに国内に侵入し、若しくは既に国内の一部に存在している有害動物若しくは有害植物がまん延して有用な植物に重大な損害を与えるおそれがあると認めた場合には、その旨を農林水産大臣に報告しなければならない。

【趣旨・解説】

緊急防除は、農林水産大臣が責任をもって行うが、緊急防除の対象となるような有害動植物については、できるだけ早期に発見し、早い機会に効果的な防除を行わないとその意義が少なくなる。このため、都道府県知事は、新たに国内に侵入し、又は既に国内の一部に存在している有害動植物がまん延して有用な植物に重大な損害を与えるおそれがあると認めた場合には、その旨を農林水産大臣に報告しなければならないこととした（法第二一条）。

第五章　指定有害動植物の防除

有害動植物の防除は、自ら栽培する農作物への損害だけでなく、周辺地域の農作物への損害の波及を抑え、地域の農業生産の安定を支えるという、極めて公益的な側面を有しているが、通常の場合、既に国内に広く分布定着している有害動植物に対する防除は、一連の農作業の中に組み込まれ、その費用も普通の農家経営の中に織り込まれている。

しかしながら、これらの有害動植物の中には、気象条件、農作物の生育状況等により、急激にまん延して農作物に重大な損害をもたらすものがある。このような有害動植物については、個々の農業者による防除によってはその被害を食い止めることが困難で、計画的かつ組織的に防除を行わなければその実効性を確保し難い。

さらに、近年、温暖化等による気候変動を背景とした、有害動植物の分布域の拡大、発生量の増加、発生時期の早期化及び終息時期の遅延や、薬剤抵抗性の発達した有害動植物の増加により、有害動植物のまん延リスクが高まっているほか、有害動植物の発生後に化学合成農薬を用いるのみでは対応できず、有害動植物が発生しにくい生産条件の整備等による有害動植物の発生予防と発生状況に応じた適時防除を適切に組み合わせないと防除が困難な有害動植物が増えてきている。

そこで、令和四年の改正により、本法第五章では、このような有害動植物について、発生予防を含む総合防除を推進するため、国が指定有害動植物の総合防除を推進するための基本的な指針（以下「総合防除基本指針」という。）を、都道府県が指定有害動植物の総合防除の実施に関する計画（以下「総合防除計画」という。）を策定し、農業者への防除指導を行う仕組みが設けられた。そして、令和四年の改正以前から行ってきた指定有害動植物の発生予察事業については、総合防除の一環として、総合防除基本指針に定められた指定有害動植物について行うこととされた。

さらに、この発生予察事業により得られた資料その他の事情を勘案して、有害動植物が異常な水準で発生したと認められる場合であって、計画的かつ強力な防除を行わなければ病害虫の激発・まん延による損害を防止し得ないと考えられるような場合には、国は都道府県に対し、総合防除基本指針及び総合防除計画に即して、異常発生時防除を行うよう指示することができる。指示を受けた都道府県は異常発生時防除を行うべき区域及び期間等を告示するとともに、この異常発生時防除を行うべき区域及び期間において、総合防除計画に従って防除を行った者又は行おうとする者に対しては、国が薬剤及び防除用器具の購入費用の補助又は無償貸付けを行うことができることとしている。

（定義）
第二十二条　この章及び次章で「指定有害動植物」とは、有害動物又は有害植物であつて、国内における分布が局地的でなく、又は局地的でなくなるおそれがあり、かつ、急激にまん延して農作物に重大な損害を与える傾向があるため、その防除につき特別の対策を要するものとして、農林水産大臣が指定するものをいう。
2　この章で「総合防除」とは、有害動物又は有害植物の防除のうち、その発生及び増加の抑制並びにこれが発生した場合における駆除及びまん延の防止を適時で経済的なものにするために必要な措置を総合的に講じて行うものをいう。

【趣旨・解説】

一　指定有害動植物

農業生産の安定的発展を図るためには、既に国内に広く分布定着しており、年々の気象条件等により急激にまん延して農作物に甚大な被害を与えるおそれのある有害動植物については、あらかじめその動静を把握し、適時に適切に防除を行わなければ、その被害を防止することは難しいことは、既に述べたとおりである。令和四年の改正前までは、国内における分布が局地的でないものを指定有害動植物としていたが、環境の変化や農業生産現場の変化に対応しながら、有害動植物のまん延による農作物への重大な損害の発生を防止するためには、国内における分布が局地的であるが、分布域内において総合的な防除対策を適切に講じていないと、分布が局地的でなくなり、かつ、まん延して農作物に重大な損害を与えるおそれがある有害動植物についても、適時に適切に防除が行われる必要がある。

このような観点から、令和四年の改正において、前述のような有害動植物もこの章の対象とすることができることとし、「国内における分布が局地的でなく、又は局地的でなくなるおそれがあり、かつ、急激にまん延して農作物に重大な損害を与える傾向があるため、その防除につき特別の対策を要するものとして、農林水産大臣が指定するもの」を指定有害動植物と定義した（法第二二条第一項）。また、「特別の対策」についても、従前の発生予察事業だけではなく、前提として総合防除の推進が掲げられた（法第二二条第二項）ため、総合防除の推進が必要な有害動植物を指定することとなった。

令和五年現在、指定有害動植物として指定されているものは、以下のとおり（施行規則第四〇条、別表一〇）。

寄主植物又は宿主植物	有害動物又は有害植物
第一　有害動物	
一　アスパラガス	アザミウマ類
二　いちご	アザミウマ類、アブラムシ類、コナジラミ類及びハダニ類
三　いね	イネドロオイムシ、イネミズゾウムシ、コブノメイガ、スクミリンゴガイ、セジロウンカ、ツマグロヨコバイ、トビイロウンカ、ニカメイガ、斑点米カメムシ類、ヒメトビウンカ及びフタオビコヤガ
四　おうとう	ハダニ類
五　かき	アザミウマ類、カイガラムシ類、カキノヘタムシガ及びハマキムシ類
六　かんきつ	アザミウマ類、アブラムシ類、ハダニ類、ミカンサビダニ及びミカンバエ
七　きく	アザミウマ類、アブラムシ類及びハダニ類
八　キャベツ	アブラムシ類及びモンシロチョウ
九　きゅうり	アザミウマ類、アブラムシ類、コナジラミ類及びハダニ類

十　さつまいも	ナカジロシタバ
十一　さといも	アブラムシ類
十二　さとうきび	カンシャコバネナガカメムシ及びメイチュウ類
十三　すいか	アブラムシ類
十四　だいこん	アブラムシ類
十五　だいず	アブラムシ類、吸実性カメムシ類、フタスジヒメハムシ及びマメシンクイガ
十六　たまねぎ	アザミウマ類
十七　ちゃ	アザミウマ類、カイガラムシ類、チャトゲコナジラミ、チャノホソガ、チャノミドリヒメヨコバイ、ハダニ類及びハマキムシ類
十八　トマト	アザミウマ類、アブラムシ類及びコナジラミ類
十九　ながいも	アブラムシ類
二十　なし	アブラムシ類、カイガラムシ類、シンクイムシ類、ニセナシサビダニ、ハダニ類及びハマキムシ類
二十一　なす	アザミウマ類、アブラムシ類及びハダニ類
二十二　ねぎ	アザミウマ類、アブラムシ類、ネギコガ及びネギハモグリバエ
二十三　はくさい	アブラムシ類
二十四　はす	ハスクビレアブラムシ
二十五　ばれいしょ	アブラムシ類及びジャガイモシストセンチュウ
二十六　ピーマン	アブラムシ類
二十七　ぶどう	アザミウマ類

二十八　ほうれんそう	アブラムシ類
二十九　もも	シンクイムシ類及びハダニ類
三十　りんご	シンクイムシ類、ハダニ類及びハマキムシ類
三十一　レタス	アブラムシ類
三十二　なす科植物	ナスミバエ
三十三　ばら科植物	クビアカツヤカミキリ
三十四　対象植物を定めないもの	オオタバコガ、果樹カメムシ類、コナガ、シロイチモジヨトウ、ハスモンヨトウ及びヨトウガ
第二　有害植物	
一　いちご	うどんこ病菌、炭疽病菌及び灰色かび病菌
二　いね	稲こうじ病菌、いもち病菌、ごま葉枯病菌、縞葉枯病ウイルス、白葉枯病菌、苗立枯病菌、ばか苗病菌、もみ枯細菌病菌及び紋枯病菌
三　うめ	かいよう病菌及び黒星病菌
四　えんどう	萎ちよう病菌
五　おうとう	灰星病菌
六　かき	炭疽病菌
七　かんきつ	かいよう病菌、黒点病菌及びそうか病菌
八　キウイフルーツ	かいよう病菌
九　きく	白さび病菌

十　キャベツ	菌核病菌及び黒腐病菌
十一　きゅうり	うどんこ病菌、褐斑病菌、炭疽病菌、灰色かび病菌、斑点細菌病菌及びべと病菌
十二　さつまいも	基腐病菌
十三　だいず	紫斑病菌
十四　たまねぎ	白色疫病菌及びべと病菌
十五　ちゃ	炭疽病菌
十六　てんさい	褐斑病菌及び西部萎黄病ウイルス
十七　トマト	うどんこ病菌、疫病菌、黄化葉巻病ウイルス、すすかび病菌、灰色かび病菌及び葉かび病菌
十八　なし	赤星病菌、黒星病菌及び黒斑病菌
十九　なす	うどんこ病菌、すすかび病菌及び灰色かび病菌
二十　にんじん	黒葉枯病菌
二十一　ねぎ	黒斑病菌、さび病菌及びべと病菌
二十二　ばれいしょ	疫病菌
二十三　ピーマン	うどんこ病菌
二十四　ぶどう	晩腐病菌、灰色かび病菌及びべと病菌
二十五　むぎ	赤かび病菌、うどんこ病菌及びさび病菌類
二十六　もも	せん孔細菌病菌
二十七　りんご	黒星病菌及び斑点落葉病菌
二十八　レタス	菌核病菌及び灰色かび病菌

二　総合防除

従来の植物防疫制度では、国内に分布する有害動植物に対して、これが発生し、又は増加した場合における駆除及びまん延の防止を中心とした防除が行われてきた。しかしながら、既に述べたとおり、薬剤抵抗性の発達した有害動植物の増加や、気候変動等による有害動植物の発生パターンの変化により、有害動植物の発生後に化学合成農薬を用いるのみでは対応できず、有害動植物が発生しにくい生産条件の整備等による有害動植物の発生予防と発生状況に応じた適時防除等を適切に組み合わせないと防除が困難な有害動植物が増えてきている。

このような変化に対応し、農作物への損害の発生を抑えていくためには、発生予防、早期発見、増加の抑制といった、発生又は増加する前の段階における防除措置を従来の防除措置と一体的に組み合わせて行うことにより、より効果が高く、また、環境等への負荷の小さい防除とすることが重要である。さらに、発生予防、増加の抑制並びに駆除及びまん延防止の各段階においても、化学合成農薬の使用のみに頼るのではなく、利用可能な全ての防除技術を経済性を考慮しつつ包括的に組み合わせ、それぞれ有害動植物の発生や増加を抑制するための措置を講ずる必要がある。

このように、国内に分布し、常に発生及びまん延の可能性を持っている有害動植物に対する防除は、

① 有害動植物の発生の予防、早期発見、増加の抑制、駆除及びまん延防止という各段階を組み合わせて一つの体系として実施すること

② 各段階において、地域やほ場の実態や気候条件に応じて、適時に、利用可能なあらゆる防除技術を、経済性を考慮しつつ検討し、適切な方法を選択して組み合わせること

という、二つの方向で総合的に講じていくことにその特徴があるといえる。

このような防除は、有害動植物の発生予防に重点を置く総合的病害虫・雑草管理（ＩＰＭ）実践指針（平成一七年九月三〇日付け一七消安第六二六〇号消費・安全局長通知）などにより、いわゆる総合的病害虫・雑草管理（ＩＰＭ＝Integrated Pest Management）として推進されてきたが、法においてこれを明確化するため、令和四年の改正により、「有害動物又は有害植物の防除のうち、

その発生及び増加の抑制並びにこれが発生した場合における駆除及びまん延の防止を適時で経済的なものにするために必要な措置を総合的に講じて行うもの」を総合防除と定義した。

なお、総合的病害虫・雑草管理（ＩＰＭ）と総合防除については基本的な考え方は変わらないが、「管理」に関しては、「防除」には予防的な栽培管理なども意味として含まれること、法律の目的として第一条において「発生の予防」を追加したこと、「雑草」に関しては、第二条において有害動植物の定義に草を追加したことなどから、法律に記載する用語として、「総合防除」となった。

（総合防除基本指針）

第二十二条の二　農林水産大臣は、指定有害動植物の総合防除を推進するための基本的な指針（以下「総合防除基本指針」という。）を定めるものとする。

2　総合防除基本指針においては、次に掲げる事項を定めるものとする。

一　指定有害動植物の総合防除の推進の意義及び基本的な方向

二　指定有害動植物の種類ごとの総合防除の内容に関する基本的な事項

三　指定有害動植物の種類ごとの発生の予防及び当該指定有害動植物が発生した場合における駆除又はまん延の防止の方法に関し農業者が遵守すべき事項に関する基本的な事項

四　第二十三条第一項に規定する発生予察事業の対象とする指定有害動植物その他当該発生予察事業に関する事項

五　第二十四条第一項に規定する異常発生時の基準に関する事項

六　第二十四条第一項に規定する異常発生時防除の内容に関する基本的な事項

七　その他必要な事項

3　農林水産大臣は、最新の科学的知見並びに指定有害動植物の我が国における発生の状況及び動向を踏まえ、少なくとも五年ごとに総合防除基本指針に再検討を加え、必要があると認めるときは、これを変更するものとする。

4　農林水産大臣は、総合防除基本指針を定め、又はこれを変更しようとするときは、都道府県知事及び有害動物又は有害植物の性質に関し専門の学識経験を有する者の意見を聴かなければならない。

5　農林水産大臣は、総合防除基本指針を定め、又はこれを変更したときは、遅滞なく、これを公表するとともに、都道府県知事に通知しなければならない。

【趣旨】

指定有害動植物は防除について特別の対策を要する有害動植物であるが、薬剤抵抗性の発達した有害動植物の増加や、気候変動等による有害動植物の発生パターンの変化等の環境の変化により、国が発生予察事業による情報提供のみ行うのでは平時の防除の対策が難しくなってきている。

指定有害動植物の分布状況や栽培する農作物は都道府県ごとに異なることから、都道府県の実情を踏まえた防除指導が行われる必要がある一方、こうした変化に対応するためには、有害動植物が発生した後に駆除やまん延防止のための措置を行うだけでなく、平時から有害動植物の発生しにくい生産条件の整備を行うこと等による発生予防が重要であることから、予防を含めた総合防除の方法等について、各種知見等を踏まえ、国が基本的な方向性を示す必要がある。

このため、令和四年の改正により本条を追加し、農林水産大臣は、指定有害動植物に関する総合防除を全国的に推進するに当たり、実際の総合防除計画の作成及び防除指導を担う都道府県等に対してその基本的な方向性を示すため、総合防除基本指針を定めることとされた。

【解説】

一　総合防除基本指針の内容

総合防除基本指針には、次の事項を定めることとされた（法第二二条の二第二項）。

(一)　指定有害動植物の総合防除の推進の意義及び基本的な方向（第一号）

指定有害動植物に関する防除を取り巻く情勢やそれを踏まえ、総合防除を推進する意義や基本的な方向、指定有害動植物の総合防除の推進体制として国、都道府県、試験研究機関、農業者団体、農業者等の役割について定めることとされた。

(二)　指定有害動植物の種類ごとの総合防除の内容に関する基本的な事項（第二号）

指定有害動植物ごと、また、地域の気象、植生、農作物の栽培状況等により、その発生や増加の抑制、駆除及びまん延防止のために行うことは異なることから、個々の指定有害動植物ごとに総合防除の内容の基本的な考え方等を定めることとされた。令和四年に定められた総合防除基本指針（令和四年農林水産省告示第一八六二号。以下「令和四年の総合防除基本指針」という。）では、都道府県知事が総合防除計画において総合防除の内容を定める際の参考として、別紙一に各都道府県で利用可能な一般的かつ基本的な防除技術等による基本的な事項を示している（有機農業者であっても総合防除に取り組めるよう、化学農薬の使用だけではなく、複数の選択肢を掲示。）。

㈢　指定有害動植物の種類ごとの発生の予防及び当該指定有害動植物が発生した場合における駆除又はまん延防止の方法に関し農業者が遵守すべき事項に関する基本的な事項（第三号）

指定有害動植物ごと、また、気象、植生、栽培状況等により、総合防除の実施に際して発生予防の方法や、駆除又はまん延防止の方法は地域によって多様であるため、個々の指定有害動植物ごとに、各地域の農業者が遵守すべき事項に関する基本的な考え方等を定めることとしている。遵守事項は、指定有害動植物のまん延を防止するため、地域の全ての農業者が必ず取り組むべき事項を明らかにする観点から、指定有害動植物の種類ごとの発生の予防及び駆除又はまん延の防止の方法を示すものである。

令和四年の総合防除基本指針では、都道府県知事が総合防除計画において農業者が遵守すべき事項を定める際の参考として、別紙二に基本的な事項を示している。また、都道府県知事が、農業者が遵守すべき事項を定めるに当たっての留意点として、化学農薬の使用だけではなく、発病株及び発病部位の除去並びに適切な処分等の耕種的な防除措置、防虫ネットの設置や種子の温湯処理等の物理的な防除措置など、有機農業者であっても継続して有機の農業生産に取り組むことができるよう、複数の選択肢を用意して示すことが重要であること等を示している。

また、遵守事項に基づく指導及び助言、勧告及び命令や、遵守事項に即した防除の実施状況等の確認について、基本的な事項を示している。

㈣　第二三条第一項に規定する発生予察事業の対象とする指定有害動植物その他当該発生予察事業に関する事項（第四号）

令和四年の改正前までは、指定有害動植物は、国の発生予察事業の対象となる有害動植物として扱われてきたため、国内における分布が局地的でなく、急激にまん延して農作物に重大な損害を与える傾向がある有害動植物を指定してきた。このため、国内における分布が局地的な有害動植物や、作物栽培期間中の気象、周辺の環境状況だけでなく人為的な要素（人や農機具等に付着した土、植物残渣や種苗の移動等）で広がる有害動植物などの発生量及び発生時期の予測を行う発生予察事業になじまない有害動植物については、指定有害動植物として指定されてこなかった。

しかしながら、このような有害動植物についても総合防除が必要であることから、令和四年の改正により、予防を含む総合防除が必要なものを指定有害動植物として指定できることとした。

このため、指定有害動植物のうち国が発生予察事業を行うものを明確化するため、総合防除基本指針において、法第二三条第一項の国による発生予察事業の基本的な考え方を定めるとともに、指定有害動植物のうち、第二三条第一項の発生予察事業の対象となる指定有害動植物の種類等を定めることとされた。

㈤　第二四条第一項に規定する異常発生時の基準に関する事項（第五号）

総合防除基本指針は、平時から非常時までの指定有害動植物の防除についての基本的な事項を包括的に記載するものである。このため、平時の防除では対応できないような指定有害動植物の異常発生時の基準の考え方等を定めることとされた。

令和四年の総合防除基本指針においては、「農林水産大臣は、発生予察調査やほ場調査等の結果、都道府県における指定有害動植物の発生程度が、発生予察調査における「甚」の基準を大きく上回り、かつ、その発生が局地的でない状況に至った場合等において、その都度速やかに当該指定有害動植物の性質に関し専門の学識経験を有する者から、①まん延の速度が急激である状況、②通常の防除措置では農作物への損害の発生を抑えられない状況、③当期又は次期作の農業生産に明らかな影響を及ぼす状況、に該当するかどうか等の意見を聴いた上で、異常発生時に該当するかどうかの判断を行うものとする」とされている。

㈥　第二四条第一項に規定する異常発生時防除の内容に関する基本的な事項（第六号）

総合防除基本指針は、平時から非常時までの指定有害動植物の防除についての基本的な事項を包括的に記載するものである。このため、平時において実施する総合防除の基本的な考え方に加え、指定有害動植物の異常発生という非常時の防除の考え方についても盛り込むこととするため、異常発生時の防除の内容の基本的な考え方等を定めることとされた。

令和四年の総合防除基本指針においては、都道府県知事が総合防除計画において異常発生時防除の内容を定める際の参考として、別紙四にその基本的な事項を示している。また、都道府県知事は、異常発生時防除の内容を定めるに当たって、化学農薬の使用だけではなく、発病株及び発病部位の除去並びに適切な処分、早期収穫等の耕種的な防除措置の徹底など、有機農業者であっても継続して有機の農業生産に取り組むことができるよう、複数の選択肢を用意して示すことが重要であること等も示している。

(七) その他必要な事項（第七号）

令和四年の総合防除基本指針においては、総合的病害虫・雑草管理との関わり、総合防除の実施に関する体制整備及び人材育成、農薬の適正使用、総合防除基本指針の見直しについて定めている。

二 総合防除基本指針の作成手続

総合防除基本指針については、新たな防除技術の確立、指定有害動植物の性質等に関する最新の科学的知見等を踏まえて、定期的に見直しをする必要があるが、農作物は一年一作のものが多く、有害動植物の発生や防除も年単位で考えるものが多いこと、また、一定期間データを継続して取らないと発生動向の変化が分からないものがあることから、短期間で総合防除の内容等を見直すことは難しい。このように、複数年の防除や研究等を踏まえた形で検討を加える必要があるため、最新の科学的知見並びに指定有害動植物の我が国における発生の状況及び動向を踏まえ、少なくとも五年ごとに変更のための検討を加えることとされた（第三項）。

総合防除基本指針で定める、指定有害動植物の種類ごとの総合防除の内容等については、指定有害動植物の性質、防除の効果等に関する科学的知見や、防除指導の主体である都道府県における防除の状況も踏まえて検討する必要がある。このため、総合防除基本指針を定め、又は変更しようとするときは、都道府県知事及び有害動物又は有害植物の性質に関し専門の学識経験を有する者の意見を聴かなければならないこととされた（第四項）。

また、都道府県知事が総合防除基本指針を踏まえて総合防除計画を作成する必要があることを踏まえ、総合防除基本指針を定め、又は変更したときは、遅滞なく、これを公表するとともに、都道府県知事に通知しなければならないこととされた（第五項）。

（総合防除計画）

第二十二条の三　都道府県知事は、総合防除基本指針に即して、かつ、地域の実情に応じて、指定有害動植物の総合防除の実施に関する計画（以下「総合防除計画」という。）を定めるものとする。

2　総合防除計画においては、次に掲げる事項を定めるものとする。

一　指定有害動植物の総合防除の実施に関する基本的な事項

二　指定有害動植物の種類ごとの総合防除の内容

三　第二十四条第一項に規定する異常発生時防除の内容及び実施体制に関する事項

四　指定有害動植物の防除に係る指導の実施体制並びに市町村及び農業者の組織する団体その他の農業に関する団体との連携に関する事項

五　その他必要な事項

3　都道府県知事は、指定有害動植物のまん延を防止するため必要があると認めるときは、総合防除計画に、前項各号に掲げる事項のほか、指定有害動植物の種類ごとの発生の予防及び当該指定有害動植物が発生した場合における駆除又はまん延の防止の方法に関し農業者が遵守すべき事項（第二十四条第一項に規定する異常発生時防除に係るものを含む。第二十四条の二及び第二十四条の三第一項において「遵守事項」という。）を定めることができる。

4　都道府県知事は、総合防除計画を定め、又はこれを変更しようとするときは、関係市町村長及び農業者の組織する団体その他の農業に関する団体の意見を聴くよう努めなければならない。

5　都道府県知事は、総合防除計画を定め、又はこれを変更したときは、遅滞なく、これを公表するとともに、農林水産省令で定めるところにより、農林水産大臣に報告しなければならない。

【趣旨】

国は、指定有害動植物の総合防除を推進するが、指定有害動植物の分布状況や栽培する農作物は都道府県ごとに異なることから、総合防除の実施に当たっては、都道府県において、その地域の実情を踏まえた防除指導が行われる必要がある。このため、令和四年の改正により本条を追加し、都道府県知事は、総合防除基本指針に則して、かつ、地域の実情を踏まえて、総合防除計画を定めることとされた。

【解説】

一　総合防除計画の内容

総合防除計画には、以下の事項を定めることとされている（法第二二条の三第二項）。

㈠　指定有害動植物の総合防除の実施に関する基本的な事項（第一号）

都道府県における気象、栽培する農作物、指定有害動植物の発生状況等を踏まえ、指定有害動植物に関する防除を取り巻く情勢やそれを踏まえた防除の実施に関する基本的な考え方等を定める。

㈡　指定有害動植物の種類ごとの総合防除の内容（第二号）

指定有害動植物の分布状況、地域の気象、植生、農作物の栽培状況は都道府県により異なるため、同じ種類の指定有害動植物であっても、その総合防除の内容は都道府県ごとに異なり、また、総合防除の内容を定めておく必要がないものもある。このため、都道府県は、地域の実情に応じて、総合防除に取り組むべき指定有害動植物を選択した上で、当該指定有害動植物の種類ごとに、総合防除の内容を定める。

令和四年の総合防除基本指針においては、別紙一に記載した基本的な事項を参考にして定めるほか、地域における課題等に対して新たに開発及び実証された防除技術等がある場合には、それらを取り入れること、また、都道府県内においても、地域によって総合防除の内容は異なる場合があることから、都道府県は総合防除計画で定めた総合防除の内容に即し、各地域での実証等を通じて、当該地域により適した防除体系の確立及びそれに沿った防除指導を図ることが望ましいとされている。また、都道府県知事が総合防除の内容を定めるに当たっては、化学農薬の使用だけではなく、発病株及び発病部位の除去並びに適切な処分等の耕種的な防除措置、防虫ネットの設置や種子の温湯処理等の物理的な防除措置など、有機農業者であっても継続して有機の農業生産に取り組むことができるよう、複数の選択肢を用意して示すことが重要であるとされている。

㈢　第二四条第一項に規定する異常発生時防除の内容及び実施体制に関する事項（第三号）

総合防除基本指針において、平時の防除の基本的な考え方に加え、指定有害動植物の異常発生という非常時の防除の考え方についても盛り込むこととしていることに対応し、都道府県の総合防除計画においても、非常時に備えるため、非常時に特に講ずる必要のある防除の措置の内容や、その指導又は実施に当たっての都道府県や関係団体の体制をあらかじめ定める。

令和四年の総合防除基本指針においては、別紙四に記載した基本的な事項を参考に、地域の実情に応じて、対象とする指定有害動植物を明確にした上で、速やかに実施することのできる異常発生時防除の内容を具体化すること、市町村や農業者団体等との連携等の異常発生時防除の実施体制に関する事項を定めることとされている。

㈣　指定有害動植物の防除に係る指導の実施体制並びに市町村及び農業者の組織する団体その他の農業に関する団体との連携に関する事項（第四号）

指定有害動植物の防除指導を効率的かつ効果的に行うため、都道府県の病害虫防除所の役割等を踏まえた防除指導の体制や、防除に当たっての市町村との連携、地域における防除に関して知見を有し、一定の役割を担っている農協等の関係団体との連携の内容等を定める。

㈤　その他必要な事項（第五号）

都道府県内における総合防除の実施に関して留意する事項、農薬の適正使用に関する事項等を記載する。

二　農業者が遵守すべき事項

総合防除計画には、一で述べた内容のほか、特に各都道府県で生産を奨励している農作物などを害する指定有害動植物について、農業者が指定有害動植物の発生予防のために行うべき措置や、発生した場合に行わなければ被害が周辺に拡大するおそれがあるような防除方法について、最低限取り組むべき事項を示す観点から、指定有害動植物のまん延を防止するため必要があると認めるときは、指定有害動植物の種類ごとの指定有害動植物の発生の予防及び当該指定有害動植物が発生した場合における駆除又はまん延の防止の方法（法第二四条第一項に規定する異常発生時防除に係るものを含む。）に関し農業者が遵守すべき事項を定めることができることとされた（法第二二条の三第三項）。

都道府県知事は、農業者による個々の指定有害動植物の防除において、各都道府県で奨励している農作物などを害する指定有害動植物について、防除に当たり最低限遵守しなければ周辺の農業者や農作物に損害を与えるおそれがあるといった事項がある場合に、農業者が遵守すべき事項を定めることができる。

令和四年の総合防除基本指針においては、都道府県知事は、遵守事項を定めるに当たっては、地域の実情に応じて、対象とする指定有害動植物を選択した上で、当該指定有害動植物の種類ごとに、別紙二に記載した基本的な事項を参考に定めるものとしている。

都道府県知事は、農業者が遵守すべき事項を定めた場合は、農業者に対し、当該事項に即した防除を行うために必要な指導及び助言を行うものとし（法第二四条の二）、さらに、指導又は助言をした場合において、当該事項に即した防除が行われないため、指定有害動植物がまん延することにより農作物に重大な損害を与えるおそれがあると認める場合に勧告、命令を行うことができる（法第二四条の三）。

三　総合防除計画の作成手続

総合防除計画には、防除の指導体制や、防除に当たっての市町村及び農業者が組織する団体その他の関係者の連携に関する内容を記載するため、都道府県知事は、総合防除計画を定め、又は変更しようとするときは、関係市町村長及び農業者の組織する団体その他の農業に関する団体の意見を聴くよう努めなければならないこととしている（法第二二条の三第四項）。

また、都道府県知事は、総合防除計画を定め、又はこれを変更したときは、遅滞なく、これを公表するとともに、各都道府県が行う総合防除の内容等について農林水産大臣が把握し、必要に応じて都道府県に対して助言等をし、また、異常発生時防除の指示を出す観点から、農林水産省令で定めるところにより、法第二二条の三第一項又は第四項の規定により定め、又は変更した総合防除計画に即して法第二四条の二の規定による指導及び助言を実施する前に、農林水産大臣に報告しなければならないこととされている（法第二二条の三第五項、施行規則第四〇条の二）。

（国の発生予察事業）
第二十三条　農林水産大臣は、総合防除基本指針に基づき、発生予察事業（有害動物又は有害植物の防除を適時で経済的なものにするため、有害動物又は有害植物の繁殖、気象、農作物の生育等の状況を調査して、農作物についての有害動物又は有害植物による損害の発生を予察し、及びそれに基づく情報を関係者に提供する事業をいう。以下同じ。）を行うものとする。
2　都道府県は、農林水産大臣が都道府県の承諾を得て定める計画に従い、前項の規定による発生予察事業に協力しなければならない。

【趣旨】

有害動植物を防除する上で、最も肝要なことは、防除の要否を的確に判断するとともに、有害動植物の特性に応じて適時に適確な防除を行うことである。時期が早ければ、防除の効果がなく無駄となるし、遅ければ、その被害を防止し得なくなる。気象や、各種農作物の栽培慣行等の変遷に伴って有害動植物の発生様相は複雑化し、多様化する一方、単一作物が広範囲に植え付けられるようになると有害動植物は急激にまん延し、激甚な被害をもたらすこともある。

このような中で、有害動植物の発生状況を的確に把握することは、なかなか容易なことではない。まして一農業者の手に負えることでもない。このような場合、的確な資料に基づく情報を農業者、農業団体等の関係者に提供することは、極めて重要なことであり、公共的な性格を有するものである。このため、法は、有害動植物の防除を適時で経済的なものにするため、有害動植物の繁殖、気象、農作物の生育等の状況を調査して、農作物についての有害動植物による損害の発生を予察し、及びそれに基づく情報を関係者に提供する（法第二三条第一項、法第三二条第一項）こととした。これが発生予察事業で、（注）戦時下の昭和一六年から実施されていたものであるが、昭和二六年の植物防疫法の一部改正により法制化されたものである。

指定有害動植物についての発生予察事業は、本条に基づき農林水産大臣が、指定有害動植物以外の有害動植物については、都道府県が（法第三二条）、責任をもって実施することとするとともに、相互の協力を定めている。

（注）発生予察事業は、国内での有害動植物の防除を適時で経済的なものにするため行われるものであることから、法第五章（指定有害動植物の防除）において、昭和二六年の改正時に追加されて以降、第五章、第六章及び第三五条に係るものとして第二二条に定義されていた。

その後、平成八年の改正時に、輸入植物検疫において「検疫有害動植物」の概念が導入され、まん延した場合に有用な植物に損害を与えるおそれがある有害動物又は有害植物であって、「国内に存在することが確認されていないもの又は既に国内の一部に存在しており、かつ、国により発生予察事業その他防除に関し必要な措置がとられているもの」、と定義されたことにより、発生予察事業が輸入植物検疫にも関係してくることとなった。これを受け、発生予察事業の定義を法律全体に係らしめるために、発生予察事業の定義は第二条へ移動された。

さらにその後、令和四年の改正時に検疫有害動植物の定義が改正され、「発生予察事業」が定義から除かれた。これにより、発生予察事業の定義を法律全体に係らしめる必要がなくなったため、同年の改正時に、第二条から第二三条第一項に定義が移動された。

【解説】

一　国の発生予察事業

指定有害動植物は、その分布が局地的ではなく、又は局地的でなくなるおそれがあり、かつ、急激にまん延して農作物に重大な損害を与える傾向があるため、その防除につき特別の対策を必要とするものであるので（法第二二条第一項）、一都道府県のみの発生予察事業では、十分その目的を達成することができない。このようなものについては、都道府県の範囲を越えた範囲でその動静について把握し、情報を提供することによって、その防除が適時で経済的なものとなり得る。このため、指定有害動植物についての発生予察事業は、農林水産大臣が責任をもってこれに当たることとした。

従来、国は、全ての指定有害動植物について発生予察事業を行ってきたが、指定有害動植物として指定されるべき有害動植物の中には、国内における分布が局地的な有害動植物や、作物栽培期間中の気象、周辺の環境状況だけでなく人為的な要素（人や農機具等に付着した土、植物残渣や種苗の移動等）で広がる有害動植物などの発生量及び発生時期の予測を行う発生予察事業になじまない有害動植物も存在する。このような有害動植物についても、発生予防を含む総合防除が必要であることから、令和四年の改正により、総合防除が必要なものを指定有害動植物として指定できるようにした。

このため、同年の法改正により、発生予察事業については適当なものについて引き続き行えるよう、総合防除基本指針において、農林水産大臣が行う発生予察事業の実施の考え方と発生予察事業の対象となる指定有害動植物を定め（法第二二条の二第二項第四号）、農林水産大臣は、総合防除基本指針に基づき、発生予察事業を行うこととされた（法第二三条第一項）。

国の発生予察事業の対象となる指定有害動植物は以下のとおり（令和四年の総合防除基本指針第四、別紙三）。

寄主植物又は宿主植物	指定有害動植物
第一　有害動物	
一　アスパラガス	アザミウマ類
二　いちご	アザミウマ類、アブラムシ類、コナジラミ類及びハダニ類
三　いね	イネドロオイムシ、イネミズゾウムシ、コブノメイガ、セジロウンカ、ツマグロヨコバイ、トビイロウンカ、ニカメイガ、斑点米カメムシ類、ヒメトビウンカ及びフタオビコヤガ
四　おうとう	ハダニ類
五　かき	アザミウマ類、カイガラムシ類、カキノヘタムシガ及びハマキムシ類
六　かんきつ	アザミウマ類、アブラムシ類及びハダニ類
七　きく	アザミウマ類、アブラムシ類及びハダニ類

八　キャベツ	アブラムシ類及びモンシロチョウ
九　きゅうり	アザミウマ類、アブラムシ類、コナジラミ類及びハダニ類
十　さつまいも	ナカジロシタバ
十一　さといも	アブラムシ類
十二　さとうきび	カンシャコバネナガカメムシ及びメイチュウ類
十三　すいか	アブラムシ類
十四　だいこん	アブラムシ類
十五　だいず	アブラムシ類、吸実性カメムシ類、フタスジヒメハムシ及びマメシンクイガ
十六　たまねぎ	アザミウマ類
十七　ちゃ	アザミウマ類、カイガラムシ類、チャトゲコナジラミ、チャノホソガ、チャノミドリヒメヨコバイ、ハダニ類及びハマキムシ類
十八　トマト	アザミウマ類、アブラムシ類及びコナジラミ類
十九　ながいも	アブラムシ類
二十　なし	アブラムシ類、カイガラムシ類、シンクイムシ類、ハダニ類及びハマキムシ類
二十一　なす	アザミウマ類、アブラムシ類及びハダニ類
二十二　ねぎ	アザミウマ類、アブラムシ類、ネギコガ及びネギハモグリバエ
二十三　はくさい	アブラムシ類
二十四　はす	ハスクビレアブラムシ
二十五　ばれいしょ	アブラムシ類

二十六　ピーマン	アブラムシ類
二十七　ぶどう	アザミウマ類
二十八　ほうれんそう	アブラムシ類
二十九　もも	シンクイムシ類及びハダニ類
三十　りんご	シンクイムシ類、ハダニ類及びハマキムシ類
三十一　レタス	アブラムシ類
三十二　対象植物を定めないもの	オオタバコガ、果樹カメムシ類、コナガ、シロイチモジヨトウ、ハスモンヨトウ及びヨトウガ

第二　有害植物

一　いちご	うどんこ病菌、炭疽《そ》病菌及び灰色かび病菌
二　いね	稲こうじ病菌、いもち病菌、ごま葉枯病菌、縞《しま》葉枯病ウイルス、白葉枯病菌、苗立枯病菌、ばか苗病菌、もみ枯細菌病菌及び紋枯病菌
三　うめ	かいよう病菌及び黒星病菌
四　おうとう	灰星病菌
五　かき	炭疽《そ》病菌
六　かんきつ	かいよう病菌、黒点病菌及びそうか病菌
七　キウイフルーツ	かいよう病菌
八　きく	白さび病菌
九　キャベツ	菌核病菌及び黒腐病菌

十　きゅうり	うどんこ病菌、褐斑病菌、炭疽《そ》病菌、灰色かび病菌、斑点細菌病菌及びべと病菌
十一　だいず	紫斑病菌
十二　たまねぎ	白色疫病菌及びべと病菌
十三　ちゃ	炭疽《そ》病菌
十四　てんさい	褐斑病菌及び西部萎黄病ウイルス
十五　トマト	うどんこ病菌、疫病菌、黄化葉巻病ウイルス、すすかび病菌、灰色かび病菌及び葉かび病菌
十六　なし	赤星病菌、黒星病菌及び黒斑病菌
十七　なす	うどんこ病菌、すすかび病菌及び灰色かび病菌
十八　にんじん	黒葉枯病菌
十九　ねぎ	黒斑病菌、さび病菌及びべと病菌
二十　ばれいしょ	疫病菌
二十一　ピーマン	うどんこ病菌
二十二　ぶどう	晩腐病菌、灰色かび病菌及びべと病菌
二十三　むぎ	赤かび病菌、うどんこ病菌及びさび病菌類
二十四　もも	せん孔細菌病菌
二十五　りんご	黒星病菌及び斑点落葉病菌
二十六　レタス	菌核病菌及び灰色かび病菌

二　都道府県の協力

指定有害動植物についての発生予察事業を国が単独で実施するには、人的にも物理的にも困難である。そこで、農林水産大臣は、都道府県の承諾を得て計画を定め、これに基づいて実施するとともに、都道府県もこの計画に従い協力しなければならないこととされた（法第二三条第二項）。

都道府県が国の行う発生予察事業に協力するのに要する経費については、従来は法の規定により国が負担することとされていたが、第七章（第三五条）で後述するように、昭和六〇年に法が改正された結果、各都道府県には政令で定める基準に従って一定額の交付金（植物防疫事業交付金）が交付され、この経費の財源に充てられることとなった（法第三五条第一項）。

また、発生予察事業の実施については、令和四年の総合防除基本指針の第四において定められているほか、植物防疫事業実施要綱（令和五年三月二四日付け四消安第七二三八号消費・安全局長通知）及び発生予察事業の実施について（令和五年三月二七日付け四消安第七二九五号消費・安全局植物防疫課長通知）が定められており、各都道府県は、各種の予察ほ場等における定点調査及び巡回調査を行うとともに、この調査結果に基づき作成された発生予察情報（発生予報、警報、注意報及び特殊報）を迅速かつ確実に関係者に提供することとされている。

（異常発生時防除）

第二十四条　農林水産大臣は、前条第一項の規定による発生予察事業の実施により得た資料に基づき、又はその他の事情に鑑み、指定有害動植物が異常な水準で発生したと認められる場合（以下この項において「異常発生時」という。）であつて、その急激なまん延を防止するため特に必要があると認めるときは、関係都道府県知事に、総合防除基本指針及び当該都道府県の総合防除計画に即して、当該指定有害動植物の異常発生時の防除に関する措置（以下「異常発生時防除」という。）を行うよう指示することができる。

2　都道府県知事は、前項の規定による指示を受けたときは、総合防除基本指針及び当該都道府県の総合防除計画に即して、速やかに、当該指定有害動植物の異常発生時防除を行うべき区域及び期間その他必要な事項を定めなければならない。

3　都道府県知事は、前項に規定する事項を定め、又はこれを変更したときは、速やかにこれを告示するとともに、その旨を農林水産大臣に報告しなければならない。

【趣旨】

発生予察事業により提供される情報が現実の防除に活用され、効果的な防除が実施されることが必要である。特に、指定有害動植物については、その重要性に鑑み、適時適切な防除が行われるとともに、組織的かつ強力な防除が行われないとその防除の効果は半減し、ひいては重大な損害を招くおそれがある。

このため、農林水産大臣は、発生予察事業の実施により得た資料あるいはその他の事情に鑑み、指定有害動植物が異常な水準で発生したと認められる場合（以下「異常発生時」という。）であって、その急激なまん延を防止するため特に必要があると認めるときは、関係都道府県知事に、総合防除基本指針及び当該都道府県の総合防除計画に即して、当該指定有害動植物の異常発生時の防除に関する措置（以下「異常発生時防除」という。）を行うよう指示することができることとされている。

【解説】

一　経緯

指定有害動植物の防除は、その発生の状況等により一都道府県の範囲を越えて、他の都道府県にも損害が波及するおそれがあるため、その防除を組織的かつ適切に実施するため、非常時において、農林水産大臣にイニシアチブをとる権限を与えた規定であるが、もちろん、都道府県は、指定有害動植物についても自主的に防除を行うことができる（法第二九条）。

令和四年の改正前の法第二四条においては、農林水産大臣は、発生予察事業の実施により得た資料あるいはその他の事情に鑑み、必要があると認めたときは、その都度、指定有害動植物につき、地方公共団体、農業者又はその組織する団体が行うべき防除の基本となる計画（以下「防除計画」という。）の大綱を定め、これを関係都道府県知事に指示することとされ、都道府県知事は、この指示を受けたときは、大綱に基づき、速やかに当該都道府県に関する防除計画を定め、速やかにこれを告示するとともに、農林水産大臣に報告しなければならないこととされていた。

二　令和四年法改正

指定有害動植物が気象条件等により大量発生するなど、その発生の様態が異常であって、特別の防除が必要となる場合については、基本的な方向に変更はないものの、令和四年の法改正により、国の防除大綱及び都道府県の防除計画でその都度定めることとされていた非常時の防除の内容の考え方、発動の基準及び具体的な方法等については、総合防除の一環として、あらかじめ、総合防除基本指針及び総合防除計画に記載することとされた（法第二二条の二第二項第五号及び第六号、法第二二条の三第二項第三号）。

これに伴い、非常時の防除については、

①　発生予察事業の実施により得た資料に基づき、又はその他の事情に鑑み、異常発生時であって、その急激なまん延を防止するため特に必要があると認めるときは、

② 農林水産大臣が関係都道府県知事に、総合防除基本指針及び当該都道府県の総合防除計画に即して、当該指定有害動植物について、防除を行うべき区域及び期間を定めて、異常発生時防除を行うよう指示することができ（法第二四条第一項）、

③ 都道府県知事は、①の指示を受けた場合は、速やかに異常発生時防除を行う区域及び期間その他必要な事項を定め（法第二四条第二項）、速やかにこれを告示するとともに、農林水産大臣に報告しなければならない（法第二四条第三項）

こととされた。

告示された区域及び期間における異常発生時防除のうち、農業者自らが行うものに、法第二二条の三第三項による農業者が遵守すべき事項にあらかじめ定められた内容が含まれる場合は、農業者が遵守すべき事項に従って防除を行うことを担保するための助言及び指導や、勧告、命令の対象となる（法第二四条の二、法第二四条の三）。

令和四年の法改正前は、国は、防除計画に基づき防除が行われるものについては、薬剤や防除用器具の補助等を行うことができることとされていたが、令和四年の法改正後は、国は、異常発生時防除を行うべき区域及び期間において、総合防除計画に基づき防除が行われるものについては、薬剤や防除用器具の補助等を行うことができることとされた（法第二五条及び法第二七条）。

（指導及び助言）

第二十四条の二　都道府県知事は、第二十二条の三第三項の規定により指定有害動植物について遵守事項を定めた場合において、当該指定有害動植物の防除が適正に行われることを確保するため必要があるときは、農業者に対し、当該遵守事項に即した防除を行うために必要な指導及び助言を行うものとする。

【趣旨】

本条は、令和四年の法改正により追加された規定である。地域における平時から非常時までの防除指導の具体的な方法として、都道府県知事は、総合防除計画において農業者が遵守すべき事項を定めた場合には、指定有害動植物の防除が適正に行われることを確保するため必要があるときは、農業者に対し、当該遵守事項に即した防除を行うために必要な指導及び助言を行うものとされた。

【解説】

総合防除計画において定めることができる農業者が遵守すべき遵守事項は、指定有害動植物の地域へのまん延を防止するために個々の農業者が最低限とるべきことを示すものであり、これに即した防除が行われることを確保する必要がある。農業者がこれを守らず周囲の農作物などを害する場合には、勧告や命令により遵守させることも想定されるが、すぐに勧告に至るのではなく、まずは、農業者が遵守すべき事項に即した防除を行うために必要な指導及び助言を行い、防除が適正に行われることを確保することが必要である。このため、都道府県知事は、当該農業者が遵守すべき事項に即した防除を行うために必要な指導及び助言を行うものとする旨が規定されている。

この条による指導及び助言は、勧告に至るような場合だけでなく、農業者が遵守すべき事項に即した防除を行うための技術的なものも含むものである。このため、法第二四条の三の勧告及び命令のように改善すべき事項を書面で示して行うこととはしていない。

なお、農業者とは、農作物を栽培・管理する者を想定しており、庭で果樹を栽培している者や家庭菜園の所有者等についても、周囲の農産物に被害を与えるおそれがあり、その栽培・管理に携わっている場合には、防除指導等の対象に含まれる。

（勧告及び命令）

第二十四条の三　都道府県知事は、前条の規定による指導又は助言をした場合において、なお遵守事項に即した防除が行われないため、指定有害動植物がまん延することにより農作物に重大な損害を与えるおそれがあると認める場合（異常発生時防除に係る遵守事項に即した防除が行われない場合にあつては、指定有害動植物の急激なまん延を防止するために必要があると認める場合）には、改善すべき事項を記載した文書の提示その他の農林水産省令で定める方法により、当該農業者に対し、期限を定めて、遵守事項に即した防除を行うべきことを勧告することができる。

2　都道府県知事は、前項の規定による勧告を受けた者が正当な理由がなくてその勧告に従わない場合において、特に必要があると認めるときは、改善すべき事項を記載した文書の提示その他の農林水産省令で定める方法により、その者に対し、期限を定めて、その勧告に係る措置をとるべきことを命ずることができる。

【趣旨】

本条は、令和四年の法改正により追加された規定である。都道府県による防除指導において、農業者に防除の必要性・緊急性が理解されない等の理由により、適切な防除が行われない場合も想定される。このため、本条では、平時における防除指導や、異常発生時防除における防除指導の実効性を担保するため、法第二四条の二の規定による指導又は助言をした場合において、防除が適切に行われておらず、まん延して農作物に損害を与えるおそれがあると認められるときには、防除の当事者である農業者に対して勧告及び命令を行うことができるようにしている。

【解説】

一　勧告及び命令の考え方

総合防除計画を通じた防除指導の実効性を担保するためには、指定有害動植物の地域へのまん延を防止するために個々の農業者が最低限とるべきことを示した農業者が遵守すべき事項の遵守を確保するための強制措置が必要な場合が想定される。防除は、ほ場の状況等を見て、農業者がその経営判断の下で行うことが基本であるため、農業者が遵守すべき事項を遵守していないことのみをもって、勧告、命令を行うことは適当でない。

他方、ある農業者が防除を行わないことにより、指定有害動植物を周辺にまん延させているような場合には、周辺の農業者の農作物への損害の発生を抑えるという公共の利益のため、適切な防除を確保する必要がある。このため、

① 都道府県知事は、農業者に対し、法第二四条の二の規定による指導又は助言をした場合において、なお遵守事項に即した防除が行われないため、指定有害動植物がまん延することにより農作物に損害を与えるおそれがあると認められる場合には、当該農業者に対し、当該遵守事項に即した防除を行うよう勧告することができ（法第二四条の三第一項）、

② ①の勧告を受けた農業者が、正当な理由がなく勧告に従わない場合において、特に必要があると認めるときは、当該農業者に対し、その勧告に係る措置をとるべきことを命令することができる（法第二四条の三第二項）

との規定により、農業者が遵守すべき事項に即した防除が行われないことにより、指定有害動植物がまん延して周辺の農作物に損害を与えるおそれがある場合に限って、勧告、命令を行うことができるようにしている。

ただし、異常発生時防除が行われる状況下においては、その地域内で指定有害動植物が異常発生しているため、

① 組織的かつ強力に、すぐに防除活動を行う必要があること

② 農業者が遵守すべき事項に即した防除を行わないことと、周辺のまん延等との関係性を確認することが困難と考えられること

から、農業者が遵守すべき事項に即した防除が行われていないことは前提としつつも、これとまん延又はその可能性との因果関係を問わずに、急激なまん延を防止するため必要があるときには、勧告、命令を行えるようにしている（法第二四条の三第一項括弧書）。

また、通常の指導又は助言では従ってもらえないような場合に、より強力な指導として勧告を行うこととすることを明確

にするため、勧告の前提として、指導又は助言を行うこととしている。

二　勧告及び命令の手続

勧告及び命令に当たっては、これらの処分が罰則を伴うものとすることで実効性を担保する観点から、勧告及び命令を受けた農業者がとるべき措置と期限を明確にする必要がある。このため、勧告及び命令は、改善すべき事項を記載した文書の提示その他の農林水産省令で定める方法により、期限を定めて行うこととされている。

施行規則において、勧告の方法は、①法第二四条の三第一項の規定による勧告をする旨、②改善すべき事項の内容、③②の内容ごとの具体的な改善方法、④改善すべき期限、⑤その他必要と認める事項を記載した文書を交付して行う方法とされている（施行規則第四〇条の三第一項）。命令の方法は、①法第二四条の三第二項の規定による命令をする旨、②勧告に従わなかった事実、③とるべき措置の内容、④措置をとるべき期限、⑤その他必要と認める事項を記載した文書を交付して行う方法とされている（施行規則第四〇条の四第一項）。また、期限は、指定有害動植物の発生の状況その他の事情を勘案して都道府県知事が定めることとされている（施行規則第四〇条の三第二項、第四〇条の四第二項）。

本項に基づく命令で、代替的行為義務を課すものについては、その不履行に対しては、行政代執行法に定めるところにより代執行を行うことができる。

法第二四条の三第二項の規定による命令に違反した者は、三〇万円以下の過料に処する（法第四四条）。過料に係る手続は、非訟事件手続法（平成二三年法律第五一号）の過料事件の規定に基づき行われる。

（立入調査等）

第二十四条の四　都道府県知事は、前二条の規定の施行に必要な限度において、その職員に、農作物の栽培地に立ち入り、必要な調査をさせ、又は関係者に質問させることができる。この場合において、その職員は、あらかじめ、当該栽培地の占有者に通知しなければならない。

2　第十条の十八第二項の規定は、前項の規定により農作物の栽培地に立ち入ろうとする職員について準用する。

【趣旨】

本条は、令和四年の法改正により追加された規定である。勧告や命令に至ると疑われるような事態が生じた場合には、必要な限度において、都道府県は、ほ場等に立ち入り、指定有害動植物の発生状況や防除の状況等を調査する必要があることも想定されることから、本条では、都道府県職員の立入権限について規定している。

【解説】

法第二四条の二の指導及び助言並びに法第二四条の三の勧告及び命令に当たっては、現場の状況を把握し、これらの指導が必要な状況であるか否かを確認する必要がある。このため、都道府県知事は、指導及び助言や勧告及び命令を行うのに必要な限度において、その職員に、農作物の栽培地に立ち入り、必要な調査をさせ、又は関係者に質問させることができることとされた。

立入調査においては、栽培地における指定有害動植物の発生状況や農作物の栽培及び生育状況等の確認、農薬散布等の作業日誌の確認、当該栽培地の農業者への聞き取りのほか、周辺の農業者にも発生状況の確認や農薬散布実施の聞き取り等を行うことにより、農業者が遵守すべき事項に即した防除の実施状況や、指定有害動植物のまん延による農作物への重大な損害の発生のおそれがあるかどうか等を確認することが想定される。

（薬剤及び防除用器具に関する補助）

第二十五条　国は、地方公共団体、農業者又はその組織する団体であつて、第二十四条第三項の規定による告示で定められた異常発生時防除を行うべき区域及び期間において、総合防除計画に基づき防除を行つたものに対し、予算の範囲内において、防除に必要な薬剤（薬剤として用いることができる物を含む。以下同じ。）及び噴霧機、散粉機、煙霧機その他防除に必要な器具（以下「防除用器具」という。）の購入に要した費用の二分の一以内の補助金を交付することができる。

2　前項の補助金の交付を受けようとする者は、農林水産大臣に対し、補助金交付申請書を農林水産省令で定める書類と共に提出しなければならない。

3　農林水産大臣は、前項の提出書類を審査し、適当と認めるときは、補助金の交付を決定するものとする。

【趣旨】

有害動植物に対する防除については、適時適切にまた組織的に行われないとその効果を期待することはできない。また、防除自体極めて公益的な側面を持っている。特に指定有害動植物の防除については、その重要性に鑑み、このことが一層強調されるべきである。このため、国は、令和四年の法改正前は、本条及び次条において、防除計画に基づいて行われる防除を、同年の法改正後は、異常発生時防除を行うべき区域及び期間において、総合防除計画に基づいて行われる防除を、積極的に援助できることとしている。

【解説】

国は、地方公共団体、農業者又はその組織する団体であって、都道府県知事が告示した異常発生時防除を行うべき区域及び期間において、総合防除計画に基づき防除を行ったものに対し、予算の範囲内において、防除に必要な薬剤（薬剤として用いることができる物を含む。）及び噴霧機、散粉機、煙霧機その他防除に必要な器具（防除用器具）の購入に要した費用の二分の一以内の補助金を交付することができることとされている（法第二五条第一項）。

都道府県知事が定めた異常発生時防除を行うべき区域及び期間において、総合防除計画によって行った防除に対し、援助することによって、異常発生時防除の適切な実現を図ろうとするものである。

補助金の交付を受けようとする者は、農林水産大臣に対し、補助金交付申請書を省令で定める書類（これに関する省令は、令和五年四月現在ない。）とともに提出しなければならない（法第二五条第二項）。農林水産大臣は、提出書類を審査し、適当と認めるときは、補助金の交付を決定するものとする（法第二五条第三項）。

（薬剤の譲与等及び防除用器具の無償貸付）

第二十七条　国は、指定有害動植物の防除のため特に必要があるときは、地方公共団体、農業者又はその組織する団体であつて、第二十四条第三項の規定による告示で定められた異常発生時防除を行うべき区域及び期間において、総合防除計画に基づき防除を行おうとするものに対し、防除に必要な薬剤を譲与し、若しくは時価より低い対価で譲渡し、又は防除用器具を無償で貸し付けることができる。

2　前項の規定による譲与、譲渡及び貸付に関し必要な事項は、農林水産大臣が定める。

3　農林水産大臣は、前項の場合には、財務大臣と協議しなければならない。

4　農林水産大臣は、第一項の規定による譲与、譲渡及び貸付の目的に供するため、常に、これに必要な薬剤及び防除用器具の整備に努めなければならない。

【趣旨】

第二五条の規定による助成が過去の防除に対するものであるのに対し、本条は、異常発生時防除を行うべき区域及び期間において、総合防除計画に基づき、現実に防除を行おうとする者に対する助成について規定している。

【解説】

国は、指定有害動植物の防除のため特に必要があるときは、地方公共団体、農業者又はその組織する団体であって、都道府県知事が告示した異常発生時防除を行うべき区域及び期間において、総合防除計画に基づき防除を行おうとする者に対し、防除に必要な薬剤を譲与し、若しくは時価より低い対価で譲渡し、又は防除用器具を無償で貸し付けることができる（法第二七条第一項）。

このような場合に、その時の事情により、あるいは無償で（譲与）、あるいは時価より低い対価で薬剤を譲渡し、又は防除用器具を無償で貸し付けることによって、指定有害動植物の防除を円滑に行おうとするものである。譲与、譲渡及び貸付に関し必要な事項は、農林水産大臣が、財務大臣と協議して定めることとされた（法第二七条第二項及び第三項）。この規定により薬剤の譲与及び防除用器具の無償貸付に関する取扱いが省令で定められている（施行規則第四一条—第五七条）。

(一) 薬剤の譲与の場合

譲与の相手方は、法第二四条第一項の異常発生時において、自ら防除を行うことが著しく困難であると認められる者である（施行規則第四一条）。防除用薬剤の譲与を受けようとする者は、所定の譲与申請書を農林水産大臣に提出し（施行規則第四二条）、農林水産大臣は、譲与申請書を受理したときは、その内容を審査して譲与するかどうかを決定し、譲与する場合にあっては、当該申請者に対し、譲与すべき防除用薬剤の使用その他必要な事項を記載した譲与承認書を交付し、譲与しない場合にあってはその旨通知する（施行規則第四三条）。

防除用薬剤の引渡しは、譲与承認書に記載された期日及び場所において行い、引渡しを受けた者（譲受人）は、引渡後直ちに、受領書を農林水産大臣に提出する（施行規則第四四条）。譲受人は、譲与承認書に記載された条件に違反して当該防除用薬剤を使用し、譲与し、又は譲渡してはならない。農林水産大臣は、譲受人がこの条件に違反したときは、当該防除用薬剤の全部若しくは一部若しくはこれに相当する薬剤の返還を命じ、又はこれに相当額の対価の納入を命ずることがある（施行規則第四五条）。譲受人は、譲与を受けた防除用薬剤による防除を完了したときは、一箇月以内に防除実績報告書を農林水産大臣に提出しなければならない（施行規則第四六条）。

(二) 防除用器具の無償貸付の場合

譲与の場合のように借受人の資格についての制限はない（法第二七条による資格を有するものであればよい。）。防除用器具を借り受けようとする者は、所定の借受申請書をその者の住所地を管轄する植物防疫所を経由して農林水産大臣に提出する（防除用器具の保管は、植物防疫所で行うこととなっている。）（施行規則第四七条）。

農林水産大臣は、借受申請書を受理したときは、その内容を審査して貸付を承認するかどうかを決定し、貸し付ける場合にあっては必要な事項を定める。この決定に基づき、植物防疫所長は、当該申請者に対し、貸し付ける場合にあっては貸付承認通知書を交付し、貸し付けない場合にあってはその旨を通知する（施行規則第四八条）。防除用器具の引渡しは、貸付承認通知書に記載された期日及び場所で行い、引渡しを受けた者（借受人）は、引渡後直ちに、請書を植物防疫所長に提出しなければならない（施行規則第四九条）。

借受人は、貸付承認通知書に記載された貸付期間満了の日までに防除を完了することができないと認めるときは、貸付期間の延長を申請することができるが、この場合、貸付期間満了の日の五日前までにその者の住所地を管轄する植物防疫所を経由して貸付期間延長申請書を農林水産大臣に提出する。農林水産大臣がこの延長を承認したときは、植物防疫所長は、当該申請人に対し貸付期間延長承認通知書を交付する（施行規則第五〇条）。

借受人は、貸付承認通知書又は貸付期間延長承認通知書に記載された期日及び場所において返納するとともに返納届を植物防疫所長に提出しなければならない（施行規則第五四条）。農林水産大臣は、他の緊急の用途に供するため当該防除用器具を必要とする場合その他特に必要があると認める場合は、貸付期間内においても、期日及び場所を指定してその返納を命ずることがある（施行規則第五五条）。

返納期日までにその借り受けた防除用器具を返納しないときは、その翌日から返納のあった日数までの日につき、防除用器具の種類ごとに農林水産大臣の定める額の違約金（「病菌害虫防除用器具貸付規則等による違約金の額」（昭和二八年農林省告示第一五五号））を支払わなければならない。ただし、天災地変その他農林水産大臣がやむを得ない事由があると認めたときは、この限りでない（施行規則第五六条）。

防除用器具の引取、管理及び返納に要する一切の費用は、借受人の負担とされる（施行規則第五七条）。借受人は、その借り受けた防除用器具を善良な管理者の注意をもって管理し、他に転貸してはならない（施行規則第五一条）。その借り受けた防除用器具を滅失し、又はき損したときは、遅滞なく書面をもってその旨及び事由を詳細に植物防疫所長に報告しなければならない。その場合において、当該滅失又はき損が火災又は盗難に係るものであるときは、その旨を証する関係官公署の発行する証明書を添えるものとされた（施行規則第五二条）。その責に帰すべき事由により滅失し、又はき損したときは、植物防疫所長の指示に従い、その負担においてこれを補てんし、若しくは修理し、又は国にその補償金を納入しなければならない（施行規則第五三条）。

農林水産大臣は、以上のような譲与、譲渡及び貸付の目的に供するため、常に、これに必要な薬剤及び防除用器具の整備に努めなければならないこととされた（法第二七条第四項）。植物防疫法による防除用器具の無償貸付は、都道府県知事が告示した異常発生時防除を行うべき区域及び期間における総合防除計画に基づく防除のためのものであるが、このほか、「物品の無償貸付及び譲与等に関する法律（昭和二二年法律第二二九号）」第二条第六号の二の規定により無償又は時価よりも低い対価で貸し付けられる場合がある。同号の規定は、「植物防疫法第二七条の規定によりする場合を除き、地方公共団体、農業者の組織する団体又は植物の防疫事業を行う者に対し植物の防疫を行うため必要な動力噴霧器、動力散粉機、動力煙霧機その他の防除用機具を貸し付けるとき」とされている。この法律に基づき、病菌害虫の異状発生又はまん延を防止するために必要があるときは、農林水産大臣は、地方公共団体、農業者の組織する団体又は植物の防疫事業を行う者に対し、防除用機具を無償で貸し付けることができることとされている（農林水産省所管に属する物品の無償貸付及び譲与等に関する省令（平成一九年農林水産省令第五八号）第二条第九号）。

（風説の禁止）

第二十八条　何人も、自己又は他人のために財産上の不当の利益を図る目的をもつて、農作物についての指定有害動植物のまん延による広範囲の損害の発生に関し、風説を流布してはならない。

【趣旨】

指定有害動植物は、その性質上重大な損害を発生させる場合が多く、発生についての情報は、農業者等の重大な関心のあるところである。国としては、総合防除基本指針により総合防除を推進するとともに、発生予察事業によりできるだけ正確な情報を関係者に提供することとしている。このような趣旨から、本条では、不正、不当の利益を図る目的をもって指定有害動植物のまん延による広範囲の損害の発生に関し、風説を流布することを禁止している。

【解説】

本条で禁止する風説の流布は、自己又は他人のために財産上の不当の利益を図る目的を持っていなければならないが、現実に不当の利益を得たかどうかは問うところではない。不当の利益とは、必ずしも違法の利益であることを要しない。「他人」の中には法人その他の団体も含まれる。「風説の流布」とは、出所のあいまいで事実の裏付けのない評判を公衆に伝播することであるが、必ずしも直接に不特定多数の人に告知することを要するものではない。違反した者は、一年以下の懲役又は五〇万円以下の罰金に処する（法第四一条第一項第七号）。

第六章　都道府県の防疫

有害動植物がまん延して、農作物等に与える被害の防止については、国ばかりでなく都道府県にとっても重大な利害がある。国は、国家的な立場から、有害動植物の伝播、まん延の防止のため、国際検疫、国内検疫、緊急防除等を行うこととしているが、都道府県もその地域内の農業生産の安全と助長を図るため、諸種の植物防疫に関する事業を行うことができる。このため、本章では、都道府県が行う検疫及び防除措置について規定するほか、地方における検疫及び防除の中心となる病害虫防除所を設置し、発生予察事業を行うとともに、市町村、農業者又はその組織する団体の行う防除に対し、指導、援助することについて規定している。

他方、我が国のように狭い国土においては、有害動植物の発生は、一都道府県の区域を越えて、しばしばまん延することがある。したがって、国としても都道府県の防除組織を十分承知するとともに、指導、援助する必要がある。このため、都道府県の防除に関する活動に対して、国は、積極的に指導、援助することとして、種々の規定を設けている。

（都道府県の行う防疫）

第二十九条　有害動物又は有害植物がまん延して有用な植物に重大な損害を与えるおそれがある場合において、これを駆除し、又はそのまん延を防止するため必要があるときは、都道府県は、植物を検疫し、又は有害動物若しくは有害植物の防除に関し必要な措置をとることができる。

2　前項の場合には、他の都道府県において生産された種苗その他の物の正当な流通を妨げないように留意しなければならない。

【趣旨・解説】

有害動物又は有害植物がまん延して有用な植物に重大な損害を与えるおそれがある場合において、これを駆除し、又はそのまん延を防止するため必要があるときは、都道府県は、植物を検疫し、又は有害動物若しくは有害植物の防除に関し必要な措置をとることができることとされている（法第二九条第一項）。このように、都道府県は、検疫又は防除措置を自らの意思により行うことができる。

なお、都道府県が本条のみを根拠として検疫又は防除のために私権を制限することはできないと解され、このような場合には別途、条例で定める必要がある。実際に、都道府県が検疫又は防除の目的で個別に定めた条例の例としては、鹿児島県のアリモドキゾウムシ等防除条例、沖縄県特殊病害虫防除条例などがある。

都道府県は、検疫又は防除に関し必要な措置をとる場合には、他の都道府県において生産された種苗その他の物の正当な流通を妨げないように留意しなければならない（法第二九条第二項）。これは、検疫又は防除の目的を超えて、都道府県間の物の自由な流通が阻害されることのないよう配慮することを求めた規定であり、都道府県は、植物防疫上の考慮により行われる措置をとる場合、それによる都道府県間の物の交流に対する障害を最小限のものとするよう努めなければならない。例えば防疫上合理的根拠がないにもかかわらず、他の都道府県で生産されたものであるからという理由で、差別することは許されない。

（防除に関する勧告）

第三十条　都道府県の区域内において、農作物についての有害動物若しくは有害植物の防除（以下「防除」という。）が行われず、又は防除の方法が適当でないため、他の都道府県の区域に損害が波及するおそれがあるときは、農林水産大臣は、当該都道府県に対し、防除に関し必要な措置をとるべき旨を勧告することができる。

【趣旨】

我が国のように狭い国土においては、有害動植物の発生は、一都道府県の区域を越えて、しばしばまん延することがある。このような場合において都道府県の区域内において防除が行われないようなとき等に対応するため、本条では、都道府県に対する防除に関する勧告について規定している。

【解説】

有害動植物の種類によっては、その寄主植物の主要生産県とそうでない県とでは、その関心が必ずしも一致しない。このような場合、主要生産県で十分な注意を払っていたとしても、近接の県で、当該有害動植物が発生したがそれほど実害がないため、防除が行われなかったり、他県へのまん延を封ずるほど十分な防除が期待されない場合がある。そのため、主要生産県にまん延して同県の農作物が被害を受けるとすれば、当該県の利益の上からばかりでなく、国全体の利益からみても看過できない問題である。

そこで、都道府県の区域内において、農作物についての有害動物若しくは有害植物の防除が行われず、又は防除の方法が適当でないため、他の都道府県区域に損害が波及するおそれがあるときは、農林水産大臣は、当該都道府県に対し、防除に関し必要な措置をとるべき旨を勧告することができることとした（法第三〇条）。

（都道府県の発生予察事業）

第三十一条　都道府県は、指定有害動植物（第二十三条第一項の規定による発生予察事業の対象となるものに限る。第三項において同じ。）以外の有害動物又は有害植物について、発生予察事業を行うものとする。

2　都道府県知事は、農林水産大臣に対し、前項の規定による発生予察事業の内容及び結果を適時に報告しなければならない。

3　農林水産大臣は、農作物についての指定有害動植物以外の有害動物又は有害植物による損害が都道府県の区域を超えて発生するおそれがある場合において、都道府県の発生予察事業の総合調整を図るため特に必要があると認めるときは、都道府県知事に対し、必要な指示をすることができる。

4　農林水産大臣は、必要があると認めるときは、その職員をして都道府県の発生予察事業に協力させるものとする。

【趣旨】

有害動植物であって、その分布が局地的ではなく、又は局地的でなくなるおそれがあり、かつ、急激にまん延して農作物に重大な損害を与える傾向があるため、その防除につき特別の対策を必要とする指定有害動植物（法第二二条第一項）のうち、総合防除基本指針に基づき発生予察事業を行うものについては、法第二三条の規定に基づき、国が発生予察事業を行うとともに、都道府県が国の行う発生予察事業に協力するのに要する経費の財源に充てるため国が交付金を交付していることは、前に述べたところである（第二三条の解説参照）。これに対し、本条では、都道府県が行う発生予察事業について規定している。

【解説】

指定有害動植物（法第二三条第一項の規定による発生予察事業の対象となるものに限る。）以外の有害動植物（指定外有害動植物）についての発生予察事業は、法第三一条第一項の規定に基づいて行われているもので、必要があると認めるときは、その職員をして都道府県の発生予察事業に協力させることができるものとしている（法第三一条第四項）。

さらに、各都道府県で行う発生予察事業についても、各県バラバラのものを行うよりも統一のとれたものを行い、互いに情報を交換したほうが適当な場合がある。このため、都道府県知事には、農林水産大臣に対し、その発生予察事業の内容及び結果を適時に報告する義務を課すとともに（法第三一条第二項）、農林水産大臣は、都道府県の発生予察事業の総合調整を図るため、都道府県知事に対し、必要な指示をすることができることとされた（法第三一条第三項）。

（病害虫防除所）

第三十二条　病害虫防除所は、地方における植物の検疫及び防除に資するため、都道府県が設置する。

2　病害虫防除所の位置、名称及び管轄区域は、条例で定める。

3　都道府県は、病害虫防除所を設置しようとするときは、あらかじめ、農林水産省令で定める事項を農林水産大臣に届け出なければならない。

4　病害虫防除所は、第一項に規定する目的を達成するため、次に掲げる事務を行う。

一　植物の検疫に関する事務

二　防除についての企画に関する事務

三　市町村、農業者又はその組織する団体が行う防除に対する指導及び協力に関する事務

四　侵入調査事業に関する事務

五　発生予察事業に関する事務

六　防除に必要な薬剤及び器具の保管並びに防除に必要な器具の修理に関する事務

七　その他防除に関し必要な事務

5　病害虫防除所は、前項に規定する事務を適切に行うため必要なものとして政令で定める基準に適合したものでなければならない。

6　農林水産大臣は、有害動物又は有害植物がまん延して都道府県の区域を超えて有用な植物に重大な損害を与えるおそれがある場合において、これを駆除し、又はそのまん延を防止するため特に必要があると認めるときは、都道府県知事に対し、病害虫防除所の事務に関し、必要な事項を指示し、又は必要な報告を求めることができる。

7　この法律による病害虫防除所でないものは、その名称中に「病害虫防除所」という文字又はこれに類似する文字を

用いてはならない。

【趣旨】

前述したように、都道府県は、国が行う侵入調査事業に対する協力（法第一六条の七第二項）、国が行う指定有害動植物の発生予察事業に対する協力（法第二三条第二項）、指定外有害動植物の発生予察事業の実施、当該都道府県における植物の検疫及び防除等の植物防疫事業を実施する主体である。本条では、これら都道府県においてこれらの事業を実施するための中核的機関である病害虫防除所について規定している。

【解説】

一　病害虫防除所の設置

法は、各都道府県に病害虫防除所を設置することを義務付けている（法第三二条第一項）。

病害虫防除所は、国が行う指定有害動植物の発生予察事業に対する協力（法第二三条第二項）、指定外有害動植物の発生予察事業の実施、当該都道府県における植物の検疫及び防除等の植物防疫事業を実施する目的を担って設置されるものであるため、その設置、運営について農林水産大臣による一定の規制下に置かれていたが、昭和五九（一九八四）年、六〇（一九八五）年において、臨時行政改革推進審議会を中心にその見直しが求められ、改正が行われた。

昭和六〇年の法改正までは、都道府県が病害虫防除所を設置しようとする場合は、その名称、位置及び管轄区域、施設の概要、職員の職種別定数その他必要な事項を記載した書面を農林水産大臣に届け出て、その承認を受けなければならないものとされていた。

しかしながら、昭和五九年一二月一八日、臨時行政改革推進審議会は「地方公共団体に対する国の関与・必置規制の整理合理化に関する答申」の中で、「国の関与は、できる限り地方公共団体の自主性を尊重して、地域の実情に合った簡素で効率的な行政が行われるようにとの観点から、基本的に次の二つの要件を満たす場合に限定すべきである。」とし、

①　地方公共団体が事務を行うに当たっての国の関与が真に必要であること。

②　関与の方式として、できる限り非権力的なもの、一般的なもの、事後的なものを選ぶ等関与の目的を達成するに必要最小限度のものとすべきであること。

とした上で、病害虫防除所について、同答申の個別事項の指摘の中で「都道府県が病害虫防除所及び病害虫防除員を設置する場合の農林水産大臣の承認は、事前届出等に改める。」、「病害虫防除所については、一県一所を目途にその整理統合を推進する。」旨指摘が行われた。(注)

この答申を受けて、政府は昭和五九年一二月二九日「行政改革の推進に関する当面の実施方針について」を閣議決定し、病害虫防除所についても答申どおりの措置を講じることとした。これを受けて植物防疫法が昭和六〇年七月一二日に改正された（地方公共団体の事務に係る国の関与等の整理、合理化等に関する法律（昭和六〇年法律第九〇号）第三二条による改正）。

改正後の植物防疫法では、都道府県の病害虫防除所の必置義務及び病害虫防除所の位置、名称、管轄区域の条例事項は変わらないものの、従来の設置の承認制が事前届出制に改められた。

都道府県は、病害虫防除所の設置をしようとする場合、あらかじめ、

①　名称

②　位置及び管轄区域

③　管轄区域内の農作物の栽培並びに有害動物及び有害植物の発生の状況

④　施設の概要

⑤　職員の職種別定数

⑥　業務の概要

⑦　業務開始の予定年月日

を農林水産大臣に届け出なければならないこととされている（施行規則第五九条）。

また、病害虫防除所は、都道府県における植物防疫の中核的機関として有効に機能するため、その事務を適切に行うため必要なものとして政令で定める基準に適合したものでなければならないとされており（法第三二条第五項）、施行令では、双眼実体顕微鏡、理化学用の滅菌器その他有害動物又は有害植物の種類を迅速かつ的確に識別するために必要なものとして農林水産大臣の定める設備又は器具を有するものであることが基準として定められている（施行令第二条）。

（注）　病害虫防除所は、行政区画にかかわらずまん延する可能性を常に秘めている有害動植物の発生の予察や、発生時における的確な防除の実施を行う機動的な行政機関であるため、有害動植物の発生相、農用地の広がり等に応じて、きめ細い配置が行われていたが、

①　有害動植物の発生予察技術の革新や防除技術の進展、また、地域における道路網の整備等に伴い、病害虫防除所の制度発足当初に比較して、より広い地域における的確かつ効果的な発生予察等の実施が可能となったこと

②　また、昭和五九年一二月一八日の臨時行政改革推進審議会の「地方公共団体に対する国の関与・必置規制の整理合理化に関する答申」の中で、できる限り地方公共団体の自主性を尊重して地域の実情に合った簡素で効率的な行政が行われるようにとの観点から、病害虫防除所について、一県一所を目途にその整理統合を推進するべきである旨の答申を受けたこと

といった、病害虫防除所をめぐる環境の変化に伴い、農林水産省は、「病害虫防除所の統合整備について」（昭和六〇年三月三〇日付け六〇農蚕第一七五九号農林水産事務次官依命通達）を発出し、病害虫防除所の組織体制の見直しと一県一所を目途とした統合整備を行う旨都道府県知事あて通達した。なお、本件統合整備が単なる地方公共団体の行政改革に資するという面からのみ安易に行われることのないよう、統合整備に当たっての留意事項を併せて同通達の中で示していた。その主な内容は次のとおりである。

①　地理的条件等を十分勘案して行うとともに、支所等の設置、病害虫防除員制度の活用等により、業務の一層の効率化を図ること。

②　発生予察のみならず農薬販売業者、防除業者等の取締り等も含め、植物防疫全般の業務を中心となって実施する体制を整備することとし、農業試験場等との業務の分担・協力関係を見直すこと。

③　調査、試験、検査、指導に要する施設を整備すること。
④　統合整備計画を作成し、地方農政局長に提出すること。

二　病害虫防除所の事務

病害虫防除所は、都道府県における植物防疫の中核的機関として次の事務を行う。このうち、侵入調査事業に関する事務は、令和四年の法改正により、国の行う侵入調査事業が法定化されたことに伴い追加されたものである。

①　植物の検疫に関する事務　都道府県内における植物の検疫（法第二九条に規定する検疫、防除を含む。）等
②　防除についての企画に関する事務　都道府県の総合防除計画、技術資料等の作成等
③　市町村、農業者又はその組織する団体が行う防除に対する指導及び協力に関する事務　農業協同組合、防除組合、協議会等が中心となって実施する当該地区の有害動植物の防除全般に関する指導
④　侵入調査事業に関する事務　国の行う侵入調査事業に対する協力
⑤　発生予察事業に関する事務　国の行う指定有害動植物の発生予察事業に対する協力、指定外有害動植物の発生予察事業の実施
⑥　防除に必要な薬剤及び器具の保管並びに防除に必要な器具の修理に関する事務
⑦　その他防除に関し必要な事務

このような地域における植物防疫全般の事務を実施する病害虫防除所が有効に機能しない場合には、有害動植物が行政区画に関係なく全国的にまん延する性格を有することから、その影響は当該都道府県にとどまらず、隣接する都道府県、ひいては全都道府県へと被害・影響を与えることとなる。都道府県は、国が定める総合防除基本指針に即して総合防除計画を定め、指定有害動植物の防除に係る指導の実施体制を整備しているが、仮に、病害虫防除所の機能・運営に問題がある場合には、農林水産大臣が、当該都道府県知事に対して、必要な事項について報告を求め、また、場合によっては、是正命令等の必要な事項を命ずることができることとされている（法第三二条第六項）。

（病害虫防除員）

第三十三条　都道府県は、防除のため必要があると認めるときは、侵入調査事業、発生予察事業その他防除に関する事務に従事させるため、条例で定める区域ごとに、非常勤の病害虫防除員を置く。

2　前項の場合には、前条第三項の規定を準用する。

【趣旨】

有害動植物の防除は、一時的あるいは季節的な性格を持つものである。また、その時期には、事務の量が極めて膨大となるとともに、その地域の実情にあった指導等を行う必要がある。このために、都道府県の防除活動に対する補完的な任務を持った機関が必要となってくることから、病害虫防除員についての規定を設けている。

【解説】

都道府県は、防除のため必要があると認めるときは、侵入調査事業、発生予察事業その他防除に関する事務に従事させるため、病害虫防除員を置くこととされている（法第三三条第一項）。このうち、侵入調査事業に関する事務は、令和四年の法改正により、国の行う侵入調査事業が法定化されたことに伴い追加されたものである。

都道府県に設置される病害虫防除員は、法第三条第二項の農林水産省に設置される植物防疫員と同様に非常勤であるが、後者が植物防疫官が行う検疫又は防除の事務を補助させるために置かれているのに対し、都道府県の病害虫防除員は、病害虫防除所の職員の指示の下で市町村、農業者団体等との緊密な連携をとりつつ、侵入調査事業、発生予察事業その他防除に関する事務を行うものとされている。

この病害虫防除員は、条例で定める区域ごとに置くこととされているが、この区域と病害虫防除所の管轄区域とは必ずしも一致する必要はない。また、病害虫防除員を置こうとするときは、都道府県知事は、農林水産大臣に必要な事項を届け出なければならないこととされている（法第三三条第二項において準用する法第三二条第三項）。

第七章　雑則

（交付金）

第三十五条　国は、第十六条の七第二項の規定により侵入調査事業に協力するのに要する経費、第二十三条第二項の規定により同条第一項の規定による発生予察事業に協力するのに要する経費及び病害虫防除所の運営に要する経費の財源に充てるため、都道府県に対し、交付金を交付する。

2　農林水産大臣は、前項の規定による都道府県への交付金の交付については、各都道府県の農家数及び農地面積を基礎とし、各都道府県において植物の検疫、防除及び発生予察事業を緊急に行うことの必要性その他侵入調査事業及び発生予察事業への協力並びに病害虫防除所の運営に関する特別の事情を考慮して政令で定める基準に従つて決定しなければならない。

【趣旨】

前述したように、都道府県は、国が行う侵入調査事業に対する協力（法第一六条の七第二項）、国が行う指定有害動植物の発生予察事業に対する協力（法第二三条第二項）、指定外有害動植物の発生予察事業の実施、当該都道府県における植物の検疫及び防除等の植物防疫事業を実施する主体である。このため、国が行う事業に協力するのに要する経費や、病害虫防除所の運営に要する経費の財源に充てるため、都道府県に交付金を交付することとしている。

【解説】

一　交付金の交付

㈠　背景

有害動植物の中には行政区域を越えて急激にまん延する特性を有するものもあり、その影響が単一の都道府県にとどまらないことから、国は、発生予察事業を通じて適時適切な防除を実施し、有害動植物による農作物の被害を防ぐため、都道府県が指定有害動植物についての発生予察事業に協力するに要する経費を負担するとともに、病害虫防除所の職員に要する経費及び病害虫防除員その他発生予察事業に従事する職員に要する経費を補助することとしていた。

しかしながら、

① 植物防疫の事業の重要性が認識されるとともに、都道府県の事業としても定着してきたことから、その組織・体制も整備されてきたこと、

② 兼業化の進展、農業従事者の高齢化等農業をめぐる情勢の変化に伴い、より効率的で安全な有害動植物の防除対策の推進が求められていたこと、

等の理由により、全国的なネットワークを維持しつつ地域の実情に即応したきめの細かい事業の実施が求められており、そのためにはこれらの事業に要する経費に係る国と都道府県の負担関係を弾力的なものとし、都道府県による自主的な事業運営に資することが適当と考えられていた。

また、職員設置費について定率補助を実施することは、補助の条件として地方公共団体に当該職員の設置を事実上義務付けることとなるとともに、都道府県の定員管理の自主的な運営を制約し、その効率化を阻害する要因となるおそれもあったため、これを定額の交付金に改め、一定の事業目的の範囲内で弾力的に使用できることとするよう改善が求められていたことを受け、昭和六〇年の法改正により、定額の交付金に改められた。なお、こうした動きを受けて、昭和五八年度には農業改良普及職員等に係る職員設置費が、その翌年度には保健所職員等に係る職員設置費が、それぞれ定額の交付金に改められていた。

㈡　昭和六〇年の改正の内容

このような情勢の下で、個別経費の積算による予算計上を廃するとともに、その使途についても個別経費ごとの厳格な制約を行わずその弾力的な運用に資するため、従来の定率補助方式に代えて定額交付金方式を採用することとし、法の一部が改正された（国の補助金等の整理及び合理化並びに臨時特例等に関する法律（昭和六〇年法律第三七号）第三五条による改正）。また、これに伴い、当該経費は、地方財政法（昭和二三年法律第一〇九号）第一〇条の国がその全部又は一部を負担する法令に基づいて実施しなければならない事務に要する経費から削除された（国の補助金等の整理及び合理化並びに臨時特例等に関する法律附則第一〇項による改正）。

交付金化の対象となったものは、次のとおりである。

① 病害虫防除所の職員、病害虫防除員その他発生予察事業に従事する都道府県の職員に要する経費

病害虫防除所の職員に要する経費については改正前の法（以下(二)において「旧法」という。）第三二条第七項により、病害虫防除員等に要する経費については旧法第三四条第二項により、それぞれその二分の一を補助する旨規定され、具体的には、前者に対し「職員設置費」が、後者に対し「病害虫防除員活動手当」が、補助金として交付されていた。

なお、これらの経費は人件費に係るものではあるが、定額交付金という性格上、給与改善や物価上昇により当然増額されるというものではない。

② 都道府県が国の行う発生予察事業に協力するのに要する経費及び病害虫防除所の運営に要する経費

国の行う発生予察事業に協力するのに要する経費は、旧法第二三条第三項により法律補助の対象とされ、「病害虫発生予察事業費（指定病害虫分）」としてその一〇分の一〇に当たる額の補助金が交付されていた。また、病害虫防除所の運営に要する経費は予算補助の対象とされ、「病害虫防除費」として、その二分の一に当たる額の補助金が交付されていた。

発生予察事業を行うための経費のうち、国の行う指定有害動植物に係るもののみがこの対象となったのは、指定有害動植物が全国に普遍的に分布・発生しているものであるため、全ての都道府県でその発生予察事業を実施しているとと

もに、その技術水準等も平準化しているのに対し、指定外有害動植物は特定の地域に限定的に分布・発生しているものであるため、これに係る発生予察事業の経費までも、植物防疫事業の基礎的経費として、各都道府県に配分することは適当でないことによる。このため、指定外有害動植物の発生予察事業については、引き続き予算補助により措置されることとなった（当該予算補助は、平成一四年度まで継続された。）。

他方、病害虫防除所の運営に要する経費については、病害虫防除所が、植物防疫事業を実施する上で基本となる施設であり、現に全ての都道府県に置かれているため、その運営に係る経費は一定の基準に従い配分し得るものであるのに対し、それ以外の予算補助の対象事業は、いずれも、モデル的・パイロット的なもの又は政策的要請を受けて行われるものであり、全都道府県で一律に実施し得ない。このため、予算補助事業のうち、病害虫防除所の運営に要する経費に限り、交付金の対象とされることとなった。

㈢　平成一六年の改正の内容

病害虫防除所の職員、病害虫防除員その他発生予察事業に従事する都道府県の職員に要する経費については、国の行う発生予察事業に協力するのに要する経費と同様、昭和六〇年の法改正により同経費に対する補助は定額による交付金方式に改められていた（二の㈠参照）。

その後、平成一四年頃から、地方自治体の財政基盤や自立性の強化を実現するため、「国から地方への税源移譲」、「国庫補助負担金の削減」、「地方交付税の見直し」を一体的に行う「三位一体改革」が行われた。この流れの下、平成一六年の法改正により、これらの職員に要する経費については、有害動植物に対する科学的知見の蓄積や発生調査手法の改良、ＩＴ化の進展等に伴って事務の確実な達成と人員の充実との関連が以前ほど密接ではなくなってきていること等に鑑み、交付金の対象外となり一般財源化され、国の行う発生予察事業に要する経費及び病害虫防除所の運営に要する経費のみが交付金の対象となった。

㈣　令和四年の改正の内容

令和四年の法改正により、国内に侵入した有害動植物の早期発見のため、国が侵入調査事業を行い、これに都道府県が協力することとされた。これに伴い、都道府県が国に協力して行う事業が増えたため、国の行う侵入調査事業に要する経費が、交付金の対象に追加された。

二　交付金の交付基準

㈠　昭和六〇年の改正の内容

交付金の交付については、農林水産大臣は、各都道府県の農家数、農地面積及び市町村数を基礎とし、各都道府県において植物の検疫、防除及び発生予察事業を緊急に行うことの必要性等を考慮して政令で定める基準に従って決定することとされた（法第三五条第二項）。

これを受けて、施行令の一部が改正された（農業委員会等に関する法律施行令等の一部を改正する等の政令（昭和六〇年政令第一四六号）第一三条による改正）。

この基準については、

①　予算総額の三割は、各都道府県の農家数に応じて配分し、

②　予算総額の二割は、各都道府県の農地面積に応じて各都道府県に配分し、

③　予算総額の二割は、各都道府県の市町村数に応じて各都道府県に配分し、

④　予算総額の三割は、有害動植物のまん延に対処するためその他農業生産の安全及び助長を図るため緊急に植物の検疫、防除及び発生予察事業を行うことを必要とする都道府県に配分する

こととされた。

㈡　平成一〇年の施行令改正の内容

平成九年の地方分権第二次勧告において、国庫補助負担金の一般財源化が論点とされるとともに、存続する国庫補助負担金についても、地方公共団体の自主的な行政運営が損なわれることのないよう、その運用及び関与の在り方についての

見直しを含め、改善を図ることとされた。このうち、存続する国庫補助負担金については、存続する交付金が過去補助金等から交付金化されたことを踏まえ、交付金化の趣旨に沿った運用の徹底が求められ、客観的指標に基づく交付基準の比率を引き上げるよう指摘がなされた。

このことを踏まえ、植物防疫法施行令等の一部を改正する政令（平成一〇年政令第一六七号）により、交付金の交付基準が改められ、農家数に応じた配分を引き上げ、以下の基準となった。

① 予算総額の四割は、各都道府県の農家数に応じて配分し、
② 予算総額の二割は、各都道府県の農地面積に応じて各都道府県に配分し、
③ 予算総額の二割は、各都道府県の市町村数に応じて各都道府県に配分し、
④ 予算総額の二割は、有害動植物のまん延に対処するためその他農業生産の安全及び助長を図るため緊急に植物の検疫、防除及び発生予察事業を行うことを必要とする都道府県に配分する

こととされた。

(三) 令和四年の改正の内容

昭和六〇年に交付金化されたときは、市町村が中心となった市町村防除協議会が有害動植物の防除について一定の役割を果たすことが期待されていたが、現在では、一部の都道府県において農業者や農業者の組織する団体が主体となって有害動植物の防除を行うようになってきている。また、平成一一年以降に進められた「平成の合併」により、市町村数が大きく減少した都道府県に対しては交付金が少なくなり、相対的に大都市圏以外の都道府県への配分が少なくなってしまうという不合理な事態が生じていた。

加えて、令和四年の法改正により新たに措置された国の侵入調査事業に対する都道府県の協力に要する経費の配分に当たっては、都道府県の承諾を得て国が定める計画に従って侵入調査事業が行われることから、あらかじめ各都道府県に対する配分を決定しておく必要があるが、その際、農地面積や農家数のような客観的指標だけではなく、気候、過去の侵入

又はまん延の実績等の特別の事情を考慮する必要がある。

このことを踏まえ、交付金の交付については、各都道府県の農家数及び農地面積を基礎とし、各都道府県において植物の検疫、防除及び発生予察事業を緊急に行うことの必要性その他侵入調査事業及び発生予察事業への協力並びに病害虫防除所の運営に関する特別の事情を考慮して政令で定める基準に従って決定することとされた（法第三五条第二項）。

このことを踏まえ、植物防疫法の一部を改正する法律の施行に伴う関係政令の整備及び経過措置に関する政令（令和四年政令第二九三号）により、施行令が改正され、交付金の交付基準については、

① 予算総額の四割は、各都道府県の農家数に応じて各都道府県に配分し、

② 当該予算総額の二割は、各都道府県の農地面積に応じて各都道府県に配分し、

③ 当該予算総額の四割は、次に掲げる特別の事情に対応した侵入調査事業及び発生予察事業への協力並びに病害虫防除所の運営を行うための経費を要する都道府県に配分する

イ　有害動物又は有害植物のまん延に対処するためその他農業生産の安全及び助長を図るため緊急に植物の検疫、防除及び発生予察事業を行う必要があると認められること

ロ　イに掲げるもののほか、有害動物又は有害植物の分布及び過去の侵入又はまん延の状況、有用な植物の栽培又は植生の状況等の特別の事情

こととされた。

（不服申立て）

第三十六条　第九条第一項若しくは第二項、第十四条、第十六条の四又は第十六条の五の規定による命令については、審査請求をすることができない。

2　第十条第一項若しくは第四項又は第十三条第二項の検査の結果に不服がある者は、検査を受けた日の翌日から起算して三月以内に、植物防疫官に対して再検査を申し立てることができる。

3　前項に規定する検査又は再検査の結果については、審査請求をすることができない。

【趣旨】

行政処分は、その発付とともに、行政手続としては完結するのが通常である。しかし、その行政処分の相手方その他の利害関係人が必ずしもこの処分に満足しているとは限らない。もしその処分により違法又は不当にその権利や利益が侵害され、あるいは申請に係る処分がなされないまま放置されている場合何らかの救済の道が開かれていないとすれば、それは民主的な行政というわけにはいかない。このような場合、相手方その他の利害関係人にその救済の道を開いたものの一つが行政不服申立ての制度である。植物防疫法もその当初においては、不服申立てのできる場合を個別的に列挙していた。(注)

従来、行政争訟に関する一般法というべき訴願法（明治二三年法律第一〇五号）があったが、訴願制度は、不備不統一なものであった。このため、昭和三七年に行政庁に対する不服申立制度の一般法たる地位を有する行政不服審査法（昭和三七年法律第一六〇号）が制定施行されたのに伴い、行政不服審査法の施行に伴う関係法律の整理等に関する法律（昭和三七年法律第一六一号）第一二二条により植物防疫法の一部が改正されるとともに、植物防疫法に基づく行政処分も原則として同法の適用を受けることとなった。したがって、植物防疫法に基づく農林水産大臣及び植物防疫官の行う処分等に関し、個別的に制限された事項についてのみでなく、広く不服申立てをすることができるようになったわけである。しかしながら、行政不服申立ての制度になじまない処分や、その性質上別の手続によるほうが適当な処分については、個別法における例外規定により、行政不服審査法による審査請求の適用除外となる。このような趣旨から法第三六条においても、例外を設けている。

なお、平成二六年に、不服申立ての種類の一元化（審査請求及び異議申立てを審査請求へ一元化）、審理員制度の導入等を内容とする行政不服審査法の全部改正（平成二六年法律第六八号）が行われ、これに伴い、法第三六条の規定も一部改正された（行政不服審査法の施行に伴う関係法律の整備等に関する法律（平成二六年法律第六九号）による改正）。

【解説】

一　審査請求できない場合

次に掲げる処分は、法律違反又は植物防疫官による検査の結果に基づき、有害動植物の侵入あるいはまん延を防止するために行われる緊急の処分であるため、審査請求を認めることが適当でないとされたものである。なお、この場合植物防疫官が自ら行う廃棄、消毒措置については、事実上処分が先行して審査請求が成り立たないので、当然のこととして書かれなかった。

①　輸入検査に基づいて植物防疫官が発する消毒又は廃棄命令（法第九条第一項）

②　輸入制限規定違反、検査受検義務違反又は隔離栽培命令違反に伴い植物防疫官が発する消毒又は廃棄命令（法第九条第二項）

③　指定種苗の譲渡等の制限規定の違反に伴い植物防疫官の発する廃棄命令（法第一四条）

④　移動制限又は移動禁止の規定の違反を防止するために植物防疫官の発する船舶、車両等への積込み等の禁止又は船舶、車両等からの取卸し命令（法第一六条の四）

⑤　移動制限又は移動禁止の規定の違反に伴い植物防疫官の発する消毒又は廃棄命令（法第一六条の五）

二　再検査

審査請求ができないとされた処分であっても、当該処分の性質に応じた不服申立てが認められる場合があることは先に述べた。次に掲げる場合に行われる再検査の申立ての制度は、当該検査が専門的技術的性質を有するものであるので、検査の適正を期するためには、植物防疫官による再検査の段階を踏むことが必要と考えられたためである（法第三六条第二項）。

①　輸出検査（法第一〇条第一項又は第四項）

②　指定種苗についての栽培前又は採取後の検査（法第一三条第二項）

①又は②に掲げる検査の結果に不服がある者は、検査を受けた日の翌日から起算して三月以内に、植物防疫官に対して再検査を申し立てることができる。再検査申立て期間は、行政不服審査法の審査請求期間や再調査の請求期間と同じである。

また、このような特殊性を考慮して、①若しくは②に掲げる検査又は再検査の結果に対しては、審査請求を認めていない（法第三六条第三項）。なお、指定種苗についての栽培地検査（法第一三条第一項）に関しては、再検査の道が開かれていないが、これは検査対象の有害動植物が主としてウイルス等であるため、検査の時期がある一時期に限られ、その時期を過ぎれば検査が不可能であるので除外された。もちろん行政不服審査法による審査請求を行うことはできる。

三　損害賠償額の決定に対する不服の訴え

当初、法においては、補償金額の決定に不服があるときは、農林大臣に不服の申立てをすることができることとしていた。(注)

しかし、補償金額の決定等の処分については、当該処分の性質上当該法律関係の当事者間で争わせることが適当であるので、法令で当事者の一方を被告として訴えを提起すべきものとする例が多い。このような場合に不服申立てを認めることは、当該処分につき抗告訴訟を認める結果となるので、当事者訴訟（行政事件訴訟法（昭和三七年法律第一三九号）第四条参照）の認められる処分は、一般的に不服申立ての除外事項とされた（行政不服審査法第七条第一項第五号）。

植物防疫法も行政事件訴訟法の制定に伴い改正され、現在は、補償金額の決定に不服がある者は、その決定の通知を受けた日から六箇月以内に、訴えをもってその増額を請求することができることとされている。この訴えにおいては国が被告となる（法第二〇条第六項及び第七項）。

以上、法に関する不服申立てについて述べたが、不服申立ての対象となる処分（行政不服審査法以外の法律で認められる不服申立てについても適用がある。）を行う場合留意しなければならないのは教示の制度である（行政不服審査法第八二条及び第八三条）。これは不服申立制度が十分に活用され、国民の権利利益の救済を図るため、具体的処分をするに際し、不服申立てができる事項である場合には、不服申立てをすることができる旨、不服申立てをすべき行政庁及び不服申立てをすることができる期間を当該処分の相手方その他の利害関係人に教示しなければならないものとする制度である。

① 不服申立てをすることができる処分を書面でする場合には、その処分の相手方に対して書面で、

② 当該処分の利害関係人から教示を求められた場合には、その者に対して、

教示しなければならない（同法第八二条第一項及び第二項）。

誤った教示をした場合及び教示をしなかった場合には、それぞれの救済措置がある（同法第二二条、第五五条及び第八三条）。

（注）法制定時の第二三条においては、次のように規定していた。

第二十三条　左に掲げる者は、当該処分に不服があるときは、処分を受けた日から二週間以内に農林大臣に不服の申立をすることができる。

一　第四條第二項の規定による命令を受けた者

二　第十條第一項又は第三項の規定による検査の結果不合格となつた者

三　第十三條第六項の規定による検査の結果不合格となつた者

四　第十八條の規定による命令を受けた者

五　第二十條第三項の規定による補償金額の決定を受けた者

2　農林大臣は、前項の規定による不服の申立を受けたときは、遅滞なく、その者に対し、あらかじめ期日及び場所を通知して公開による聴聞を行い、当該申立人又はその代理人が証拠を呈示して意見を述べる機会を與えた後、当該申立に対する決定をしなければならない。

（報告の徴取）

第三十七条　この法律中他の規定による場合の外、防除に関し特に必要があるときは、農林水産大臣は、地方公共団体、農業者又はその組織する団体に対し、必要な報告を求めることができる。

【趣旨・解説】

有害動植物の防除は、公共的性格を有するものであり、有害動植物の防除を適時適切に行うためには、有害動植物の発生の状況、防除組織の状況等、国としても常時有害動植物に関する情勢を把握している必要がある。このため農林水産大臣の一般的権限として、他の規定による場合の外、防除に関し特に必要があるときは、地方公共団体、農業者又はその組織する団体に対し、必要な報告を求め得ることとされた（法第三七条）。

（都道府県が処理する事務等）

第三十八条　第二十五条及び前条の規定により農林水産大臣の権限に属する事務の一部は、政令の定めるところにより、都道府県知事が行うこととすることができる。

2　第三章からこの章までに規定する農林水産大臣の権限は、農林水産省令の定めるところにより、その一部を地方農政局長に委任することができる。

【趣旨・解説】

法第三八条において、法第二五条及び第三七条の規定により農林水産大臣の権限に属する事項は、政令の定めるところにより、都道府県知事に行わせることができる旨規定した。

第二五条における薬剤及び防除用器具の補助等については、都道府県知事が告示した異常発生時防除を行うべき区域及び期間において、総合防除計画に基づき防除を行った者に対するものであり、第三七条の報告についても同様地域の実情に詳しく、行政の上において直接農業者等に接し得る都道府県に委任するほうが適切に運営され得る場合もあるための規定であるが、現在これに関する政令の定めはない。

（事務の区分）

第三十八条の二　第二十一条の規定により都道府県が処理することとされている事務は、地方自治法（昭和二十二年法律第六十七号）第二条第九項第一号に規定する第一号法定受託事務とする。

【趣旨】

法第二一条に基づく都道府県知事の有害動植物の発見・通報の事務は、法第一七条により国が直接執行すべき事務として位置付けられている緊急防除の発動の契機となる事務であり、この事務のみでは農業生産に重大な損害を与えるおそれがある有害動植物の防除・根絶という緊急防除の行政目的を達成し得ないものである。

この事務は、地方分権推進計画（平成一〇年五月二九日閣議決定）において示された法定受託事務のメルクマールのうち「国が直接執行する事務の前提となる手続の一部のみを地方公共団体が処理することとされている事務で、当該事務のみでは行政目的を達成し得ないもの」に該当するものであり、法定受託事務としている。

【解説】

平成一〇年の地方分権推進計画において、国と地方公共団体との関係について、地方自治の本旨を基本とする対等・協力の新しい関係を築くため、地方自治法（昭和二二年法律第六七号）の機関委任事務制度が廃止され、法定受託事務と自治事務が新設されることとなり、これに伴い、個別の事務を規定する法律における関連規定につき所要の改正が行われ、この中で法も改正された（地方分権の推進を図るための関係法律の整備等に関する法律（平成一一年法律第八七号。以下「地方分権一括法」という。）による改正）。

法定受託事務とは、法律又はこれに基づく政令により都道府県、市町村又は特別区が処理することとされる事務のうち、国が本来果たすべき役割に係るものであって、国においてその適正な処理を特に確保する必要があるものとして法律又はこれに基づく政令に特に定めるもの等をいうものとされている（地方自治法第二条第九項）。また、自治事務とは、地方公共団体が処理する事務のうち、法定受託事務以外のものをいうものとされている（同法同条第八項）。

なお、地方分権一括法による改正前の法においては、法第二四条（令和四年改正前のもの）の防除計画の大綱に基づく防除計画の策定及び農林水産大臣への報告は、機関委任事務とされていたが、地方分権一括法による法の改正により、当該事務は自治事務となった。

第八章　罰則

第三十九条　次の各号のいずれかに該当する場合には、当該違反行為をした者は、三年以下の懲役又は三百万円以下の罰金に処する。

一　第六条第一項から第三項まで又は第七条第一項の規定に違反したとき。
二　第七条第五項（第九条第六項において準用する場合を含む。）の規定による許可の条件に違反したとき。
三　第七条第六項（第九条第六項において準用する場合を含む。）の規定による命令に違反したとき。
四　第八条第一項の規定による検査を受けず、又はその検査を受けるに当たつて不正行為をしたとき。
五　第十条第一項の規定に違反し、又は同項の規定による検査を受けるに当たつて不正行為をしたとき。

第四十条　次の各号のいずれかに該当する場合には、当該違反行為をした者は、三年以下の懲役又は百万円以下の罰金に処する。

一　第十三条第四項、第十六条の二第一項又は第十六条の三第一項の規定に違反したとき。
二　第十六条の三第二項において準用する第七条第五項の規定による許可の条件に違反したとき。
三　第十六条の三第二項において準用する第七条第六項又は第十八条第一項の規定による命令に違反したとき。

第四十一条　次の各号のいずれかに該当する場合には、当該違反行為をした者は、一年以下の懲役又は五十万円以下の罰金に処する。

一　第八条第六項の規定による検査を受けず、又はその検査を受けるに当たつて不正行為をしたとき。
二　第八条第七項又は第十六条の四の規定による命令に違反したとき。

三　第九条第一項若しくは第二項の規定による命令に違反し、又は同条第一項から第三項までの規定による処分を拒み、妨げ、若しくは忌避したとき。
四　第十条の十五第二項の規定による命令に違反したとき。
五　第十六条の五の規定による命令に違反し、又は同条の規定による処分を拒み、妨げ、若しくは忌避したとき。
六　第十八条第二項の規定による命令に違反し、又は同項の規定による処分を拒み、妨げ、若しくは忌避したとき。
七　第二十八条の規定に違反したとき。

2　第十条の十二第一項の規定に違反して、その検査業務に関して知り得た秘密を漏らし、又は自己の利益のために使用した者は、一年以下の懲役又は五十万円以下の罰金に処する。

第四十二条　次の各号のいずれかに該当する場合には、当該違反行為をした者は、三十万円以下の罰金に処する。
一　第四条第一項の規定による検査若しくは集取を拒み、妨げ、若しくは忌避し、又は同項の規定による質問に対し陳述をせず、若しくは虚偽の陳述をしたとき。
二　第四条第二項の規定による命令に違反したとき。
三　第六条第五項の規定に違反したとき。
四　第八条第八項若しくは第十条第六項の規定による質問に対し陳述をせず、若しくは虚偽の陳述をし、又はこれらの規定による検査を拒み、妨げ、若しくは忌避したとき。
五　第十条第四項の規定による検査を拒み、妨げ、又は忌避したとき。
六　第十条の十第一項の規定に違反して、許可を受けないで検査業務の全部を廃止したとき。
七　第十条の十六の規定に違反して、帳簿に記載せず、若しくは帳簿に虚偽の記載をし、又は帳簿を保存しなかつたとき。
八　第十条の十八第一項の規定による報告若しくは物件の提出をせず、若しくは虚偽の報告若しくは虚偽の物件の提出をし、又は同項の規定による立入検査を拒み、妨げ、若しくは忌避し、若しくは同項の規定による質問に対し陳述をせず、若しくは虚偽の陳述をしたとき。

九　第十四条の規定による命令に違反し、又は同条の規定による処分を拒み、妨げ、若しくは忌避したとき。

第四十三条　法人の代表者又は法人若しくは人の代理人、使用人その他の従業者が、その法人又は人の業務に関し、次の各号に掲げる規定の違反行為をしたときは、行為者を罰するほか、その法人に対して当該各号に定める罰金刑を、その人に対して各本条の罰金刑を科する。

一　第三十九条及び第四十条　五千万円以下の罰金刑

二　第四十一条第一項及び前条　各本条の罰金刑

第四十四条　第二十四条の三第二項の規定による命令に違反した者は、三十万円以下の過料に処する。

第四十五条　第十条の十一第一項の規定に違反して、財務諸表等を備えて置かず、財務諸表等に記載すべき事項を記載せず、若しくは虚偽の記載をし、又は正当な理由がないのに同条第二項の規定による請求を拒んだ者は、二十万円以下の過料に処する。

〔編注〕　法第三九条から第四一条までの規定中で「懲役」を「拘禁刑」に改める未施行改正（令和四年六月法律第六八号）は、令和七（二〇二五）年六月一日から施行することとされている。

【趣旨】

本法は、有害動植物の侵入、まん延の防止を図るため、種々の義務を国民に課している。しかしながら、このような義務が完全に履行され、また、遵守されなければ、その目的を達成することができない。このため、法に定める命令規定とか禁止規定の違反があった場合、制裁を課し、その実効性を確保することとした。

処罰規定においても有害動植物の侵入、まん延の防止という植物防疫上の基本的方針の下に、量刑において段階を設けている。しかし、このような罰則は、過去の義務違反に対する制裁として科されるものであり、義務違反に伴い、現実に生ずる危険の発生の防止に役立つものではない。法においては、このような場合の違反物件については、その危険を排除するため、植物防疫官自体が廃棄するか、その物件を所持する者に廃棄させる等の措置を講じている（例えば法第九条第二項、第三項、この廃棄命令違反に対しても処罰規定を設けている。）。

本法の罰則は、①三年以下の懲役又は三〇〇万円以下の罰金（法第三九条）、②三年以下の懲役又は一〇〇万円以下の罰金（法第四〇条）、③一年以下の懲役又は五〇万円以下の罰金（法第四一条）、④三〇万円以下の罰金（法第四二条）、⑤三〇万円以下の過料（法第四四条）、⑥二〇万円以下の過料（法第四五条）の六種類に区分されている。

このうち①、⑤及び⑥は、令和四年の法改正において新たに設けられた区分であり、①は輸入植物検疫に係る違反（法第六条第一項から第三項まで、第七条第一項、第五項（第九条第六項における準用を含む。）及び第六項（第九条第六項における準用を含む。）、第八条第一項）や輸出植物検疫に係る違反（法第一〇条第一項）について、罰則が引き上げられた。また、令和四年の法改正において、旅客の携帯品に関する質問・検査の規定が設けられたことに伴い、この質問・検査の規定違反に対する罰則（③に該当）が、登録検査機関の制度が設けられたことに伴い、登録検査機関による違反に対する罰則（③、④及び⑥に該当）が、指定有害動植物の防除に関する都道府県知事による防除命令の規定が設けられたことに伴い、この違反に対する罰則（⑤に該当）がそれぞれ追加された。

法第四三条は、いわゆる両罰規定である。法の義務違反に対しては、当該行為者を処罰することを原則としているが、法人の代表者又は法人若しくは人の代理人、使用人その他の従業者が、その法人又は人の業務に関し、違反行為をしたときは、当該行為者を罰するほかその法人又は人に対しても罰金刑を科することとしている。令和四年の法改正において、法人に対する罰金の引上げも行われた。

[逐条解説]　植物防疫法

2024年６月27日　第１版第１刷発行

編　著　　植物防疫法研究会

発行者　箕　浦　文　夫

発行所　株式会社大成出版社

東京都世田谷区羽根木１―７―11
〒156-0042　電話03(3321)4131㈹
https://www.taisei-shuppan.co.jp/

印刷　亜細亜印刷

ISBN978-4-8028-3566-4